尼康

必买镜头30只　07－08年版

中国摄影出版社

图书在版编目（CIP）数据

尼康必买镜头30只/彭绍伦等编. —北京：中国摄影出版社，2007.9

ISBN 978-7-80236-160-7

Ⅰ.尼… Ⅱ.彭… Ⅲ.摄影镜头－基础知识 Ⅳ.TB85

中国版本图书馆CIP数据核字(2007)第148191号

责任编辑：周彧

书　　名：尼康必买镜头30只

作　　者：彭绍伦 &《DiGi数码双周》编辑部

出　　版：中国摄影出版社

地　　址：北京东单红星胡同61号　邮编：100005

印　　刷：北京利丰雅高长城印刷有限公司

开　　本：16

印　　张：8

版　　次：2007年9月第1版

印　　次：2007年9月第1次印刷

印　　数：1-5000册

ＩＳＢＮ　978-7-80236-160-7

定　　价：49元

Preface

如果你是一个数码单反用户，你最留意的相关产品是什么？闪光灯、竖拍手柄、记忆卡，还是镜头？相信是镜头吧！由于产品周期特性的关系，镜头有比数码单反相机更长的周期，所以很多人也说，镜头投资是比较保值，而且镜头质量的高低，往往很大程度影响影像的质量。亦因为如此，购买一只镜头时，就更加需要谨慎选择。

作为"尼康人"的你，你会以什么准则选择一只镜头呢？

这个问题明显是很空泛，我们的确是需要就每只镜头不同的特性，甚至售价，而多只镜头作出彼此的比较，所以镜头的实际表现数据及资料就很重要。尼康的镜头群中，可选择的镜头实在很多，就算是经验老手，也未必可以有机会，试尽大部分镜头。《尼康必买镜头30只》就是针对这一点而推出，此书搜集了尼康用户在购买镜头时，大部分会考虑的镜头。当中会对已精选的镜头，在解像力、失光控制、变形控制及部件等作出实际严测及比较，并就测试结果做出详细精确分析。内容同时亦涵概尼康 F卡口发展历史、尼康镜头技术理论解说、如何读解MTF等，务求令尼康数码单反用刻对自家原厂镜头有更深入了解外，同时也为镜头入手做准备。

在这里要多谢《DiGi数码双周》编辑部成员，为此书内容贡献个人的精确分析，亦很感谢香港尼康在器材借用方面提供的协助，令此书得以完成。实际严测及独立分析思考是此书的核心宗旨，此书是香港与内地第一本及目前唯一尼康镜头测试专书，是尼康入门或发烧友换镜头的必买参考书籍。

彭绍伦
（Gary Pang）
《DiGi 数码双周》高级编辑

做人做事一定要有Passion。虽然极喜欢商业摄影，但是没有刻意展现于人前，所以一向没有人知道。喜欢钻研大师之作，寻找个人独步单方，可惜材疏学浅，与天资聪敏一词一直擦身而过，至今感觉仍在起跑线上。

CONTRIBUTOR：《DiGi数码双周》编辑部

Saya

Stephen

Carrie

Olive

Jungle

Contents

Chapter 01

Chapter 02

Prime

Zoom

Chapter 03

At the heart of the image

NIKKOR went into space with NASA.

尼康为美国航空航天总署特制的镜头

▲Photo by Gary. f /4.5. 1 /500s. ISO 200. 光圈先决模式. Auto WB. 36mm相对焦距. AF-S DX Zoom-Nikkor 12-24mm f /4G IF-ED. D80

▲Photo by Gary. f/5.6. 1/400s. ISO 400. 光圈先决模式. Auto WB. 72mm相对焦距. AF-S DX Zoom-Nikkor 18-135mm f/3.5-5.6G IF-ED. D80

▲Photo by Gary. f/13. 1/125s. ISO 100. 全手动模式. Custom WB. 75mm相对焦距. AF Nikkor 50mm f/1.4D. D80

▲Photo by Gary, f/5, 1/160s, ISO 100, 光圈先决模式,
Auto WB, 300mm相对焦距, AF-S Zoom-Nikkor 70-200mm
f/2.8G VR IF-ED, D200

第**1**章

镜头历史及技术详解

探究!

认识镜头分类
基本镜头规格解说
100％读解MTF
尼康 F卡口镜头历史发展
尼康镜头技术解剖

认识镜头
分类第一步

我究竟需要购买什么镜头呢?

由你手上拥有第一部尼康相机开始,这问题应该就会开始困扰你,令你心绪不宁,无法入睡,毒瘾加深的话,更会随时走火入魔,当场暴毙! 当然,上述只不过是夸张的说法,不过当大家的头脑冷静下来后,也是否需要抚心自问:"我究竟需要什么镜头呢?"如果你是初拜入数码单反相机门下的话,面对尼康众多的镜头,的确是难以入手! 现在倒不如从基础出发,先概括了解镜头的分类及特性,为你入下一支镜头时作好准备。

镜头简单分类法

由于50mm焦距(相对135系统)向来是最接近人眼视角的镜头,透视感及压缩感都实物十分相似,加上它们的光学结构比较简单,制造成本相对较低,几乎至135系统出现之后,50mm就成为"标准"镜头的象征。焦距少于50mm的,例如24-35mm的焦段,我们称之为广角镜头,这类镜头可以涵盖更多画面,透视感也较强,最适合一般风景或团体照用途;而至于焦距在20mm或以下,例如AF Nikkor 14mm f/2.8D ED或AF-S DX Zoom-Nikkor 12-24mm f/4G IF-ED,它们则是属于超广角镜头,相片的空间感十分强,只要焦距有轻微的改动,连带透视感都有截然不同的效果。另一方面,当镜头焦距大于50mm时,可因应它们的焦段,再将之细分为中距远摄(85-100mm)、远摄(135-300mm)与及超远摄镜头(400mm或以上),由于此类镜头的压缩感较强,就算光圈稍为小一点,都可以做到主体跟背景完全分离,它们一般会用在人像拍摄、花卉、生态或体育等题材。

你要知!!

买定焦镜,还是变焦镜好?

很头痛吧! 那我也分享一点个人想法。变焦镜因为能自由转变焦距,所以在拍摄距离弹性上比定焦镜大,不过一般定焦镜都有大光圈的优势,在光线不足的环境能够给较多光线进入镜头,提升快门速度而减少相片松朦的机会,这方面变焦镜明显较弱。定焦镜及变焦镜都能互补长短,所以建议还是同时配备吧!

超广角焦距　超辽阔风景、全体照

广角焦距　一般风景、全体照

标准焦距　人像、抓拍

远摄焦距　人像、花卉、昆虫

超远摄焦距　雀鸟、赛车、运动

▲以上焦距分类并不是100%准确,只是就不同的焦距及镜头特性,作出一个概括分类,令大家对不同类型镜头的功能,有一个大致认识。

镜头基本规格解说

镜头规格可以帮助我们进一步了解每只镜头的特性，用户亦可透过官方提供的结构图，得悉镜头的"用料"情况。不过，由于它们的专有名词众多，对于新手来说，可能在一时三刻未能完全看懂，以下就简单地为大家解释一下镜头的各种基本规格。

▲DX数码专用设计的AF-S DX Zoom-Nikkor 17-55mm f/2.8G IF-ED镜头规格表。

▲全画幅设计的AF-S Zoom-Nikkor 70-200mm f/2.8G VR IF-ED镜头规格表。

焦距

这是指"镜头"的物理焦距，由于尼康目前为止的数码单反相机只会用上APS-C画幅尺寸的感光元件，面积只有全画幅感光元件的40%，所以会有1.5X的焦距增长情况，当镜头在接上数码单反相机使用时，我们都需要乘上上述的焦距转换率。当"镜头焦距"经过焦距转换后，我们这里（此书）会称之为"相对焦距"。

对角线视角

对角线视角是指影像投射在镜头影像圈（Image Circle）上的最大可视夹角，由于影像圈最长的距离（即是影像圈本身的直径）刚好是相片的对角距离，故此我们将对角线视角来看一只镜头的覆盖范围，一般来说，广角镜头有较大的可视角度，其次是标准镜及远摄镜，而鱼眼镜头就更有180°的对角线视角。

光圈叶片数目

光圈叶片能控制光圈大小，操控镜头的入光量，当中更有圆形光圈叶片及非圆形光圈叶片之分，圆形光圈叶片的散焦光点会比较圆滑而不起角，浅景深更美丽。此外，相片散焦中所形成的光芒数目，也是由光圈叶片数目决定，当光圈叶片的数目为双数时，光芒的数目会跟光圈叶片相同，反之当镜头只采用单数的光圈叶片，光芒的数目就会是光圈叶片数目的2倍。

镜片结构

意思是镜片的组成分布，一般以"群／组"或"片"来称呼，虽然镜片是一片片的，但往往会因光学设计方面，而将极小部分镜片以黏着剂合成一个组合，就成为"组"了。部分镜头会因其光学需要或级数而加入不少拥有特殊功能的镜片，例如非球面镜片、ED镜片、Super ED镜片等。

光圈值

规格表上一般都会分别列出镜头的最大光圈值及最小光圈值，令大家了解在拍摄时可以使用的光圈范围。

最近摄影距离

跟轻便相机的计算不同，单反相机或数码单反相机的"最近摄影距离"是指由胶卷或感光元件平面至被摄物之间的最短拍摄距离，在你的单反机机顶，其实大家可以找到一个貌似"一串鱼旦"的图示，它就是标志胶卷或感光元件的所在之处了。另一个较常令人混淆的名词，是称为工作距离，它是指由前组镜片至被摄物之间的距离，所以（最近）工作距离永远都较（最近）摄影距离短的。

影像放大倍率

是指拍出来的影像，与原实物大小的分别，通常以倍率（例如0.25X）表示。通常来说，标准变焦镜头都有较高的放大倍率，反之超远摄及超广角的放大能力一般较低。

滤镜尺寸

镜头一般都可在前方加上如UV、C-PL或ND等不同功能的滤镜，并会以mm做单位表示。不过要留意不是所有镜头都可在镜头前方装上滤镜，有的镜头更完全不可以装上滤镜，需要以明胶滤镜（Gelatin Filter）或后插式滤镜（Drop-in Filter）代替，它们多数会出现在鱼眼镜、超广角镜与及超远摄镜头身上。

对应卡口

尼康 数码单反相机相机使用的卡口，只有F卡口一种，不过亦有分AF-S镜头，例如具备SWM宁静波动马达，对焦明快宁静。另外，如果是数码专用设计的镜头，尼康会标明是DX系列，保证不会混淆。

100%读解MTF机密

什么是MTF？

镜头的MTF（Modulation Transfer Fuction）图表是用来代表镜头的解像力和对比度的基准，理论上镜头的解像力完全一览无遗。幸好尼康官方一直以来，都经常把自家镜头的MTF图表公开，所以大家常有机会接触MTF这"机密"。简单来

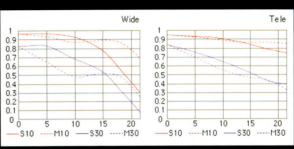

▲示范图为AF-S Zoom-Nikkor 28-70mm f/2.8D IF-ED的MTF图表

说，光线是电滋波（Electro-Magnetic Wave）的一种，如果镜头对于可见光线的还原能力高，当光线通过镜片之后所投射出来的影像理论上可以完全一样。再者，镜头每一部分的影像还原能力也不同，在镜片中央必定是还原能力较高，而愈接近镜片边缘位置，由于受到不同的光学像差影响，解像力便会一直下降，所以一般来说，MTF图上的曲线是由左至右缓缓下降的。由于135相机的对角线长约43.3mm，所以全画幅镜头的MTF图只会出现由0到22mm左右的距离，而数码专用镜头由于影像圈较小，所以其MTF图只会列出由镜面中央至边缘13mm的数据。

黑线：光圈全开，亦即是f/2.8
蓝线：光圈 f/8.0
黑线和蓝线可再细分为
粗线：10 lines/mm 的分辨率
细线：30 lines/mm 的分辨率
（lines/mm = 每mm的距离内有多少条黑白相间的线条）
MTF图表之中，实线表示测试镜头对于放射线条的分辨能力，而虚线表示测试镜头对于同心圆方向线条的分辨能力

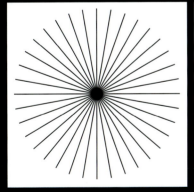

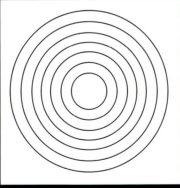

线条解码

1. 多数情况下，蓝线都会比黑线高，表示f/8.0光圈的解像力和对比度比全开光圈为高。
2. 多数情况下，粗线会比幼线为高，因为线条越多越密，镜头便越难分辨开来。

MTF 简单解读法

（1）完美的镜头，应该所有线条都在最顶部位置，所以线条越高，表示镜头解像力和对比度越好，这个亦是看MTF图最简单的方法。

（2）一般来说，粗线在0.8以上便代表有良好的画质、在0.6以上为可接受画质、在0.6以下便是劣质镜头。

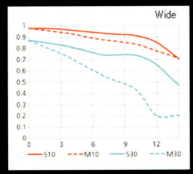

▲由于AF-S DX Zoom-Nikkor 18-55mm f/3.5-5.6G ED II是数码专用镜头，所以只可以见到约0-13mm的距离。

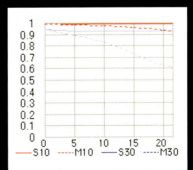

▲AF-S Nikkor 400mm f/2.8D IF-ED II的MTF示范图表中，可以看到无论对比度，解像力和散焦，都是顶级水准，而这只镜头属全画幅设计，可胶卷及数码相机两用。

尼康F卡口镜头历史发展

尼康 F卡口的发展可以由1959年没有内置马达的**Ai**镜头至现在的**AF-S**（采用Silent Wave Motor - **SWM**宁静波动马达）及**DX**系列（数码专用）镜头。至于历代的更替可由三大方向进行探讨，包括镜身操作、镜片的构造及镜头格式等，而以下的**F**卡口发展简介，可能让你有更多资料，对尼康 **F**卡口未来的发展方向加以推敲。

第一代自动对焦镜头（1983年）

从1959年至1979年服役的"大F"（尼康 F）期间，尼康所推出的Nikkor Ai镜头都是为手动对焦的尼康机械相机打造。直至1983年尼康 F3AF的出现，首两只自动对焦镜头应运而生，包括Ai AF Nikkor ED 200mm f/3.5S及Ai AF Nikkor 80mm f/2.8S，虽然它们同是首两只内置马达的Nikkor自动对焦镜头，可惜当时它们的对焦能力，却不为大众所接受。

▲Ai AF Nikkor 80mm f/2.8S

进入数码时代的DX镜头（2003年）

于2003年发表的DX镜头，是专门为尼康的数码相机而设，由于镜头只能覆盖APS-C格式（24 x 16mm）感光元件，如果将DX镜头接上尼康胶卷机之上，就会出现黑角的情况。所有DX镜头都被拿走了光圈环，即是俗称的G镜，现时总共有10只DX镜，只有AF DX Fisheye-Nikkor 10.5mm f/2.8G ED没有配备宁静波动马达。

VR防手震技术（2000年）

2000年1月，尼康 F卡口的技术又向前迈进了一大步，VR（Vibration Reduction）防震技术能够让用户在比安全快门慢三级情况下，不必派三脚架上场，依然可手持拍摄清晰影像。镜头中的VR组件，会自动侦测来自不同方向的震动，将浮动镜片做反方向的调整，修正模糊的影像。尼康第一只VR镜头是Nikkor AF VR 80-400mm f/4.5-5.6D ED，而2005年尼康就推出更强的VR II技术，拥有四级安全快门修正能力，进一步将镜身防震推至巅峰。

▲Nikkor AF VR 80-400mm f/4.5-5.6D ED为第一支VR镜头。

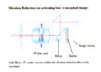

▲VR镜头运作之原理。　▲VR镜头马达。

尼康发展全画幅的可能性（2007年）

尼康过往一直强调数码化的DX镜头会陆续推出，并否定全画幅的可能性，不过推出全画幅的机款并非没有可能。第一，旧有的传统镜头并没有因为DX镜头的推出而停产，即使近期推出的AF-S VR Micro-Nikkor 105mm f/2.8G IF-ED及AF-S Zoom-Nikkor 70-300mm f/4.5-5.6G VR IF-ED也不是DX镜头。第二，索尼在2007年已经发表了一枚适用于135单反系统的全画幅CCD，很多人都猜测，这颗感光元件究竟会否用在尼康机身上呢？到2007年8月，尼康宣布推出D3，这答案终于揭盅。

尼康之非球面镜片

非球面镜片的应用，尼康已经广泛使用在他们的产品之上。其实非球面镜片的作用，是用来抵销球面镜片所形成的像差，球面镜片的光线折射率会影响镜头的成像质素。如制作同一效果的变焦镜头，非球面镜片可减少使用球面镜片的元件数量，藉以令镜头的体积和重量大幅降低。此外，非球面镜片能有效矫正广角镜头的变形现象。

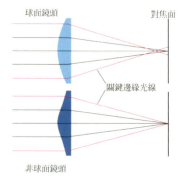

▲球面镜片与非球面镜片之分别

非球面镜片之制作技术

尼康自行研发的非球面镜片制作技术，主要朝着三种技术发展。

第一，高精度卧轴研磨（High-Prescison Grinding），这项技术以研磨为主，制作过程是以磨石高速打磨球面镜片的表面，使用尼康研发的纳米打磨技术令球面镜片呈抛物线形状，这种技术多使用于较为高端的产品。

第二，高精度玻璃倒模Precision Glass Mold（PGM），这种技术是以高温将光学镜片软化，再以倒模将镜片定形，而这种镜片也广泛使用在镜头之中。

第三，塑胶混合镜片PAG（Plastic on Aspherical Glass）Hybrid lenses，顾名思义，这镜片的部分原料来自塑胶，制作时以球面镜片，将合成树脂置在镜片与模具之间，再以UV紫外线将其合成为纤维混合镜片，这种技术的好处是价廉物美，而这类非球面镜片多使用于低档镜头内。

三种非球面镜片制作方法

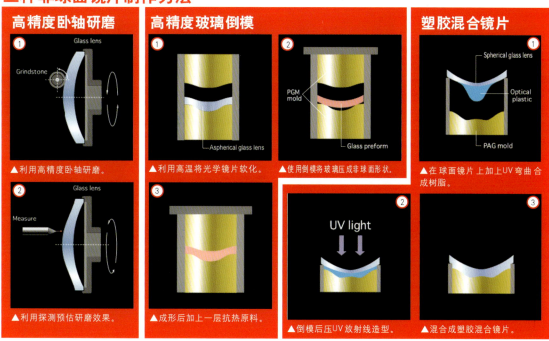

高精度卧轴研磨
① Glass lens / Grindstone
▲利用高精度卧轴研磨。

② Glass lens / Measure
▲利用探测预估研磨效果。

高精度玻璃倒模
① Aspherical glass lens
▲利用高温将光学镜片软化。

② PGM mold / Glass preform
▲使用倒模将玻璃压成非球面形状。

③
▲成形后加上一层抗热原料。

② UV light
▲倒模后压UV放射线造型。

塑胶混合镜片
① Spherical glass lens / Optical plastic / PAG mold
▲在球面镜片上加上UV弯曲合成树脂。

③
▲混合成塑胶混合镜片。

不让萤石镜片专美的ED镜片 （1972年）

佳能所推出的萤石镜片对低色散的控制十分优越，但是价格昂贵，非一般业余玩家所能承担。1972年，尼康推出了ED（Extra-low Dispersion）镜片的镜头，第一只付有ED镜片的镜头为Nikkor 300mm f/2.8 ED。ED镜片的价格较为便宜，此项技术往后更使用于天文望远镜及一般望远镜之中，尼康更加开放技术，让其他厂商也生产同类镜片，使现在的相机产品，广泛地使用起来。

尼康镜头技术解剖

在决定购入那一只尼康镜头之前，建议最好先了解一下尼康自家研发的镜头技术，从而清楚每一只镜头的特性。其实尼康自1933年开始便以Nikkor（尼克尔）名字生产镜头，直到现在已有七十多年历史，当中研发了不少独门技术，例如非球面镜头（Aspherical）、低色散镜片（Extra-low Dispersion）、浮动镜片（Close-Range Correction System）等。这些技术依然使用在现役的大部分镜头之上，而它们均会以不同的简写标记来告知用户，下面就为大家介绍这些技术的特征及简写标记。

SIC（Super Integrated Coating）

SIC全写为Super Integrated Coating，它应用在尼康每一只镜头上，主要作用是减低镜筒内由镜片互相反射所造成的光斑现象，以及令相片的颜色更加贴近原色，而SIC镀一般是呈现暗红色及青色。每只尼康镜头上的SIC都经过精心计量，不同的镜头种类、镜片组合，其SIC的厚度也会不同，确保镀膜能令镜头发挥到最佳的表现。

ED（Extra-low Dispersion）

尼康驰名的ED镀膜最早于1972年时已应用在Nikkor 300mm f/2.8ED之上，ED镀膜能够减低因不同波长的光线通过镜片时所形成的色散。过往厂商们都选择以萤石镜片来解决出现的色散问题，然而萤石镜片却很容易受气温改变而导致变质，对焦点做成影响，这令尼康的工程师转向研发ED镀膜。经多年开发ED镀膜的经验累积，尼康ED镀膜能有效令相片更为锐利，而在高反差边缘位置出现的色散情况亦因而减少。

Micro Vs Macro?

尼康在微距镜头与普通附有微距功能的镜头之间，在名称上算是阐述得相当清楚的一间厂商。其他厂商大都以Macro统称微距，然而尼康把专门的微距镜头定名为Micro，一般如变焦镜所附带的微距功能，则只称作Macro，因此用户便可轻易分得出那些是专业用的微距镜了。

ASP（Aspherical Lens）

尼康在1968年推出了非球面镜组，主要应用在广角镜之上，目的在于减低相片的变形度，使相片的边缘更为锐利。此外，非球面镜片能够令镜组的体积得以缩小，让整支镜头的体积亦能减少。尼康透过三种技术去制造非球面镜片，首先是"高精度卧轴研磨"（High-Precision Grinding），单从名字中也可估到这类非球面镜片主要是透过打磨而出的，然而由于这种非球面镜片的制作成本相当之高，因此只会应用在顶级的镜头之中，如AF Nikkor 28mm f/1.4D等。其次是"高精度玻璃倒模"（Precision Glass Mold），这种技术主要是透过机器把一块光学镜片利用高热把它软化，再把压成型。最后便是"塑胶混合镜片"（PAG Hybrid Lenses），是把一片UV弯曲合成树脂（UV-curable Resin）透过UV放射线软化胶片，让其黏在光学镜片之上，由于其制作成本较轻，因而成为入门广角镜必备的镜片之一。

CRC（Close-Range Correction）

CRC的全写是Close-Range Correction System，即浮动镜组系统。以往的广角镜头在近摄时成像较差，但透过这个活动的镜组，无论是无限远、抑或在近摄时成像的表现也能够提高。

D

D镜是能够提供距离资料与相机测光表及闪灯系统的镜头，这系列的镜头随着1992年推出的尼康F90而相继投产。这全因为F90内有革命性的立体均衡测光系统（3D Matrix Metering）及立体多感应器均衡补光系统（3D Multi-Sensor Balanced Fill-Flash），这两个系统均需要多项因素作为决定曝光值及补光量的依据，当中一项重要元素便是距离资料了。有了D镜提供距离资料后，令相机的曝光及补光系统都更为准确。

G

G镜是取消了光圈环的D型镜头，同样能提供距离资料予相机测光及闪灯系统。G镜取消光圈环主要是降低成本的决定，由于目前大部分的用户都是使用电子机身，如尼康 D70s或F80等，而甚少使用手动机身，因此尼康便取消了专为手动机身而设的光圈环，减轻成本以增强镜头的竞争力。

IF（Internal Focusing）

普通镜头在对焦时，会连同镜筒一起转动。然而内置对焦是透过镜头内的其中一组镜片在位置上的改动而同样达致对焦的效果。由于没有了镜筒的负担，对焦的速度便能提升了。除了能提升对焦速度外，内置对焦还有一个好处便是镜筒在对焦时并不转动，因此在使用偏光镜不会因改变焦点，而导致需要重新调较偏光镜的位置。不转动镜筒，亦有利于镜头能使用花瓣型遮光罩，对于没有用的杂光起了一个重要的遮挡作用。

RF（Rear Focusing）

后组对焦与内置对焦的原理相若，目的也在提高自动对焦的速度。然而，其负责对焦的镜组设在镜头的最后方，目的在于令对焦系统操作时更快更畅顺。同样地，由于在对焦时镜筒不会转动，因此在使用偏光镜时亦相当便捷。

SWM（Slient Wave Motor）

SWM是Slient Wave Motor的简写，意即宁静波动马达。这个称号或许令人感到陌生，但其实它便是我们平常所见到的AF-S。透过镜头内宁静波动马达既可令对焦速度提高，亦可达致无声对焦。随着尼康在宁静波动马达的技术不断提升，成本逐渐下降，尼康亦陆续推出多款入门级的AF-S镜头，相信这是尼康用户最为乐意看见的。

▲AF-S的镜头卡口明显有较多的金属传输点。

DC（Defocus-image Control）

这个名称或许让人们感到混淆，DC难免就是与数码有关的产品。其实DC镜头是尼康独有的可移动景深的人像镜头。透过DC镜头，用户可以把景深的边缘调至主体的前方或后方，令主体保持在焦点之余，也可改变前后景的清晰程度。DC镜的可贵之处在于主体能够仍然保持清晰，而有别于其他厂商的人像镜般以Softer的形式把整个画面模糊。

▲透过转盘，用户可轻易改变镜头的景深。

DX

DX镜头是尼康真正为数码相机而设计的镜头，它以APS感光元件作为镜头成像圈的设计，因此比起一般35mm的镜头，DX镜头的体积可以更为小巧轻盈。当然镜片体积减少，成本亦自然减轻，因此DX镜头的价格也变得相宜了。

VR（Vibration Reduction）

这是尼康的防手震系统，全写为Vibration Reduction。它能够减低约三级快门速度，却仍能保持清晰的影像。这项技术特别适用于低光及长焦距的镜头上。不过随着尼康进一步掌握相关的技术，在DX AF-S Nikkor 18-200mm f/3.5-5.6G IF-ED VR中，更配置有VR II的防手震系统，能够做到减低四级安全快门下仍能保持清晰的影像。

第2章

尼康镜头全面严测

测试！

Prime

No.01	AF DX Fisheye-Nikkor 10.5mm f/2.8G ED
No.02	AF Nikkor 14mm f/2.8D ED
No.03	AF Nikkor 24mm f/2.8D
No.04	AF Nikkor 35mm f/2D
No.05	AF Nikkor 50mm f/1.4D
No.06	AF Nikkor 50mm f/1.8D
No.07	AF Nikkor 85mm f/1.4D IF
No.08	AF Nikkor 85mm f/1.8D
No.09	PC Micro-Nikkor 85mm f/2.8D
No.10	AF Nikkor 105mm f/2D DC
No.11	AF-S Micro-Nikkor 105mm f/2.8G VR IF-ED
No.12	AF-S VR Nikkor 200mm f/2G IF-ED
No.13	AF-S Nikkor 400mm f/2.8D IF-ED II

Zoom

No.14	AF-S DX Zoom-Nikkor 12-24mm f/4G IF-ED
No.15	AF-S Zoom-Nikkor 17-35mm f/2.8D IF-ED
No.16	AF-S DX Zoom-Nikkor 17-55mm f/2.8G IF-ED
No.17	AF Zoom-Nikkor 18-35mm f/3.5-4.5D IF-ED
No.18	AF-S DX Zoom-Nikkor 18-55mm f/3.5-5.6G ED II
No.19	AF-S DX Zoom-Nikkor 18-70mm f/3.5-4.5G IF-ED
No.20	AF-S DX Zoom-Nikkor 18-135mm f/3.5-5.6G IF-ED
No.21	AF-S DX Zoom-Nikkor 18-200mm f/3.5-5.6G VR IF-ED
No.22	AF Zoom-Nikkor 24-85mm f/2.8-4D
No.23	AF Zoom-Nikkor 24-120mm f/3.5-5.6G VR IF-ED
No.24	AF-S Zoom-Nikkor 28-70mm f/2.8D IF-ED
No.25	AF-S DX Zoom-Nikkor 55-200mm f/4-5.6G VR IF-ED
No.26	AF-S Zoom-Nikkor 70-200mm f/2.8G VR IF-ED
No.27	AF-S Zoom-Nikkor 70-300mm f/4.5-5.6G VR IF-ED
No.28	AF Zoom-Nikkor 80-200mm f/2.8D ED
No.29	AF 80-400mm f/4.5-5.6 D VR
No.30	AF-S Zoom-Nikkor 200-400mm f/4G VR IF-ED

如何解读此书的测试结果？

在此书的镜头测试中，可以发现我们分别利用Imatest软件等方法分析镜头在成像及失光能力的表现，但测试背后的原理、动机与及准则，你又了解多少呢？为了让大家更容易消化我们的测试数据，以下就让大家先来个解读测试结果的"先修班"吧！

1. 失光测试

失光的由来

失光的主要成因是我们所使用的镜头全都是圆形的光学镜片，而光线就是透过这些镜片投射进胶卷或感光元件之内，不过我们所拍摄的相片并非是圆形而是长方形的，当我们使用大光圈进行拍摄时，因为角位的受光量远较中央为小，所以相片的周边位置便可能出现暗角的情形了。此外，镜头愈广角，失光的问题亦愈容易出现，因为镜头愈广角，其后组镜片的位置也相应较后，光线便未能平均散布在感光媒体之上，令暗角的情况便较易形成。

▲将镜头设定为手动对焦模式，并把焦点设定在无限远的位置之上。

失光测试环境

我们以一张大型的白色纸作为拍摄的目标，为了证实所拍摄的范围光量皆一致，我们以测光表量度白纸上四只边角及中央位置的光量，同时利用测光表量度出来的读数，直接应用在相机的光圈快门组合之上。然后将镜头的焦点设定在无限远位置，因为此时对焦镜组也处于镜筒的较后位置，失光问题便是最严重的了。最后，以最大光圈直接拍摄该张白纸，得出一个失光的影像。

▲利用直射式测光表量度白纸四只边角及中央位置的光量是否相同。

▲最后，便可以利用镜头的最大光圈把影像拍下来了。

解读失光测试数据

首先我们看到的这个图表便是镜头的失光分布，从中央最高逐渐收暗至边角。至于图表上面一个个大圆圈便是等光线，这意味着在这范围内镜头的光量相若。而在等光线旁设有一个数值，如-0.6或-1，这都是用以表示该范围与中央位置的光源差距，-1代表较中央暗一级曝光值，那-0.6当然便是暗了0.6级曝光值。值得一提是，这个等光线曝光值会因应该枝镜头的失光情况而有不同的显示方式：假若镜头失光严重，则图表上的等光线便会以每0.5级做显示；反之，在失光不算严重的镜头身上，则会以每0.2级显示。有了这个图表，我们便有一个客观的标准，能够容易比较那只镜头失光的问题较为轻微，那只较为严重，对于大家在考虑添置只镜头时能有多一个评选依据。

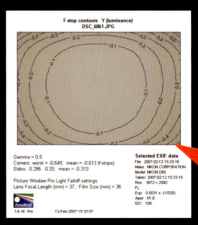

▲失光分布图表

▲等光线列出曝光值差距

2. SFR解像度测试

锐度显示

要评论一只镜头锐不锐，究竟有没有一个客观的标准呢？要更准确量度锐度，我们可以使用Frequency Domain（区域频率）作为量度方法。这个量度方法是基于渐进条状图的显示密度（Spatial Frequency Unit）来计算，一般以圆圈（Cycles）或线条（Line Pairs）数目除以距离，也就是经常做显示密度的lp/mm（Line Pairs/millimeter）。以下所见的条状图是由低至高的锐度排列，由2lp/mm至200lp/mm逐渐增加锐度。条状图的上半部分显示了原本锐度的排列，而下半部分就显示了因镜头的质量所限，而令镜头锐度下降的情况。在低锐度区域（左边），镜头本身的成像跟原本的锐度非常接近，随着条状频率提升，镜头会因本身的各种像差问题而不能分辨这些线条，也正正显示镜头质量的顶峰值。

一般而言，镜头中央的成像质量会较边缘部分来得优胜，所得出的反差及锐度就愈高；其次，镜头实际上本身存在不少的像差，必须要收小光圈才能提升解像力，不过光圈缩得太小就反而因为"衍射问题"而使解像力及锐度下降，所以，f/8-f/11光圈会是大多数镜头的最佳成像光圈范围。

▲上述Frequency Domain的渐进条状图以2lp/mm至200lp/mm排列

SFR的基准及测试方法

SFR测试本身就以上述渐进条状图的显示为基础，我们就是利用MTF 50%作为标准，因为在MTF 50%仍属是人眼可以观察的范围，镜头一般会在这个范围会有明显的锐度下降的情况。在拍摄ISO 12233测试图期间，我们会以约5000K色温的连续光源在相机的左右后侧以45°方向打在测试板上，为免测试时受反光影响，背景会以黑色或灰色的不反光物料填上。最后将相机拍摄出来的影像汇入Imatest软件进行SFR（Spatial Frequency Response）测试，然后分别计算相片中央及边缘的成像得分，当分数愈高，则代表此镜的解像力愈出众，然而这个得分的数值也跟测试相机的像素有密切的关系，所以在本书中，我们主力以EOS 5D及EOS 400D相机为30只EF镜头做全面检测。

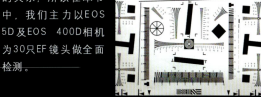

▲ISO 12233测试图

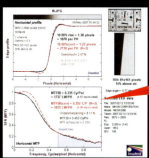

▲Imatest软件SFR MTF 50的分析结果（图为AF Nikkor 85mm f/1.8D的中央解像力得分）

3. 变形测试

现今镜头已利用电脑进行设计及制造，无奈受各种光学的限制影响，在某些情况下，拍摄出来的影像跟原的物件不相似，而将直线拍成曲线的情况就称之为变形像差。我们可利用特制的正方形格子板看到镜头的变形像差问题，当格子经过镜头后，其对角线有伸延的情况，称之为枕状变形像差（＋）；反之就称为桶状变形（－）。

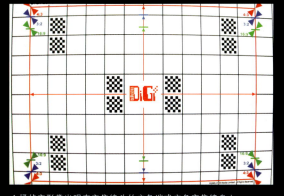

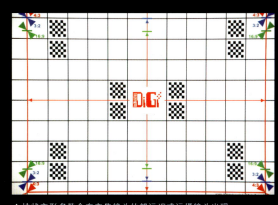

Check Point

◆DX数码专用设计
◆完全180°的视角覆盖
◆0.14米最近对焦距离

感受真正鱼眼的威力
AF DX Fisheye-Nikkor 10.5mm f/2.8G ED

要说什么镜头受尼康DX热潮影响最大的话，首推的当然是昔日135画幅的鱼眼镜头，原因是当AF Fisheye 16mm f/2.8D装配在APS-C 数码单反时，周围扭曲的成像因为画幅问题而被裁走，试问打算一试鱼眼变形视觉的用户，会有什么感受呢？所以在2003年，尼康推出APS-C画幅的Nikkor鱼眼镜头——AF DX Fisheye-Nikkor 10.5mm f/2.8G ED，亦是当时首只针对数码摄影的同级产品。DX Fisheye 10.5mm采用对角线鱼眼设计，镜片组合为7组10片，第9片为超低色散ED镜片，光学技术及镜身造工也比全画幅的AF Fisheye Nikkor 16mm f/2.8D来得讲究，虽然镜头小巧，但是因为有一定份量的重量，拿上手的感觉是十分实在的。

▲镜头可加设后置式明胶滤光镜片。

AF DX Fisheye-Nikkor 10.5mm f/2.8G ED的最近对焦距离只有14cm，较AF Fisheye-Nikkor 16mm f/2.8D缩短近一倍，近拍时的放大倍率也因而由后者的0.1X跃升至DX镜的0.2X，配合它本身近3cm的工作距离，用户可轻易做出夸张的扭曲影像。在测试时，特别以D80作为配搭，对焦非常宁静，亦有一贯鱼眼镜头快速对焦的优点，作为抓拍实在不错。跟使用其他鱼眼镜一样，由于对角线画角为180°，只要稍一不慎，阁下的手脚就会一同被拍摄入镜内，构图时实在要眼观六路，多加留神。另一方面，如果你是使用RAW档拍摄的话，更可利用尼康的专业处理软件尼康Capture，为这鱼眼镜头特有的变形成像，扭曲为与使用一般超广角镜的广角影像。虽然DX Fisheye 10.5mm的定价稍高，不过当考虑它可以一物二用的话，感觉上还是相当合算。

▲在接上D80后，镜头感觉就更细小，携带上亦很方便。

你要知！

全球首只APS画幅镜头？

尼康 10.5mm为全球首支针对APS画幅感光元件而设计的鱼眼镜头。镜头推出时更标榜配合尼康 Capture 4软件，便可把鱼眼状的影像转换成超广角影像，可算是破天荒的设计。

▲Photo by Jungle，f／6.3，1／160s，ISO 100，Custom WB，相对焦距：10.5mm x1.5=15.75mm，尼康 D70s

不同画幅设计之鱼眼镜效果

AF DX Fisheye-Nikkor 10.5mm f/2.8G ED (APS-C画幅)

AF Fisheye-Nikkor 16mm f/2.8D（全画幅）

▲Photo by Stephen\f/6.3\1/125s\ISO 100\Auto WB\尼康 D80

▲Photo by Stephen\f/6.3\1/100s\ISO 100\Auto WB\尼康 D80

　　由于AF Fisheye-Nikkor 16mm f/2.8D是为全画幅的胶卷相机而设，当在面积只有全画幅40％的尼康 数码单反上使用，焦距增长问题使鱼眼效果大打折扣，就算以朝上或朝下等非水平方式拍摄，亦难以表达出此镜的变形视觉效果，相片的感觉反而有点像在使用超广角镜头拍摄。不过当换上AF DX Fisheye-Nikkor 10.5mm f/2.8G ED后，情况就会截然不同，因为镜头的成像圈（Image Circle）刚好是为APS-C画幅而设，可以充分展示出鱼眼镜本身为影像扭曲变形的特性。

测试后记

　　鱼眼镜头一向就是细，印象中除了"俄产"镜之外，论现役的AF镜，要说到最轻巧细小，AF DX Fisheye-Nikkor 10.5mm f/2.8G ED可说是当之无愧。当然只有细小的优点，是不可能吸引别人购买的，不过高速的对焦表现，加上紫边控制良好，以及有不俗的解像力（虽然很多用鱼眼镜的人对画质没有很高要求）实在是令这原厂镜唯一的"单天保至尊"增加不少魅力。

　　不过话分两头，不同于万用的广角中段变焦镜，由于鱼眼镜是一种专为拍摄某种特定题材而设计的镜头，所以本身如果对鱼眼视觉有偏爱的，就自然会购买；相反地，如果不喜欢鱼眼效果的，无论那支镜头有几出色也好，十居其九都不会考虑。而个人就觉得这只鱼眼镜头，虽然有很多极出色的优点，但是碍于售价过高，令本身已为数不多的，会考虑购买鱼眼镜头的人却步，作为尼康用户的立场，当然是希望可把售价调低一点点吧！

by Gary

合拍摄题材
· 风景　　· 抓拍　　· 超视觉建筑

优点
· 完全180°视角
· 镜身轻巧
· 对焦迅速

缺点
· 防尘防水能力一般
· 镜身稍大
· 售价高昂

AF DX Fisheye-Nikkor 10.5mm f/2.8G ED

镜头设计：DX格式
镜片结构：7组10片
对角线视角：180°
最大光圈值：f/2.8
最小光圈值：f/22
光圈叶片数目：7片
最近摄影距离：0.14m
放大倍率：0.2X
滤镜尺寸：N/A
体积：φ63 x 62.5mm
重量：305g

▲采用1片ED镜

尼康全画幅超广角镜王
AF Nikkor 14mm f/2.8D ED

撇除鱼眼镜，尼康的超广角镜头历史可追溯至1970年公布的Nikkor 15mm f/5.6，不过该支镜头直至1973年才正式推出市场。而在1975年尼康把超广角镜头引领入另外一个新高峰，推出涵盖角度高达118°的Nikkor 13mm f/5.6，它也是尼康屹今为止最宽阔的超广角镜头。随后尼康在1979年推出拥有较大光圈的Nikkor 15mm f/3.5（在1982年推出该镜的Ai-S版本），不过自此尼康的超广角镜头进程便停滞不前，而直至在2000年时推出AF Nikkor 14mm f/2.8D ED为止。这大概是因为尼康在自动对焦系统中仍沿用传统的F卡口，尼康无需急于把较少用户购买的超广角镜头自动对焦化。加上超广角镜头拥有特阔景深的特点，因此即使未能真正对中焦点，也有足够的景深补足。

AF 14mm的出现主要是为配合尼康 D1而推出，皆因尼康 D1所使用的是APS画幅的感光元件，在使用镜头时焦距需折换成1.5倍，而当时尼康的AF镜头中最广角焦段也只是有AF-S 17-35mm，因此AF 14mm的出现正是弥补自动对焦广角镜头的不足。就该只镜头的造工而言，外型极其完美扎实，金属的外壳配以代表顶级镜头的金环，多少为它带来一份专业感。而镜头拥有绝佳的变形控制能力，即使在画面边角的线条也只有极轻微的变形，实属难得。加上拥有不俗的镜头解像力，使其成为尼康镜系中一支"镇山之宝"。然而对于AF 14mm的皮质镜头盖多少有点微言，在每次解开或套回镜头盖时都需要花上一段时间，令拍摄期间带来不便，要是它能配有金属镜头盖那就至好不过了。

▲如一般D镜，如果想切换手动或自动对焦模式，只要转动镜身的切换环就可。

▲由于镜片分外凸出，所以不可以在前方加装滤镜，而需要用上后插式滤镜。

你要知！

广角镜中最光圈之最？

14mm f/2.8镜头是尼康众多超广角镜头中拥有最大的光圈值，紧随其后的便是15mm f/3.5及13mm f/5.6。

▲Photo by Gary，f／9，1／1600s，ISO 200，Auto WB，相对焦距：14mm x1.5=21mm，尼康 D80

解像度测试

在配合尼康 D80 测试下，自光圈由 f/5.6 开始，镜头的解像力有平均上佳的表现，在 f/8 下中央位置录得 1786LW/PH 的分数。至于边缘位置表现只是一般，就算是把光圈收小，平均只有约 1500LW/PH 的分数。

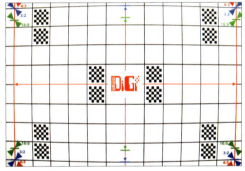

MTF50(corr) = 0.339 C/P (R=2)
= 1757 LW/PH   [4.61 mpxls ideal]

▲ Imatest 软件 SFR MTF50 分析结果

		最大光圈 (f/2.8)	f/4	f/5.6	f/8	f/11	f/16
14mm	中央	977.8 LW/PH	1475 LW/PH	1695 LW/PH	1786 LW/PH	1757 LW/PH	1673 LW/PH
	边缘	578.9 LW/PH	1223 LW/PH	1532 LW/PH	1532 LW/PH	1540 LW/PH	1447 LW/PH

镜头失光测试

在数码单反测试下，相机只会用上镜头大约中央部分，所以失光问题还可以，录得约平均 1.73 级的失光。但是如果用在全画幅上拍摄的话，有理由预计失光情况会更严重。

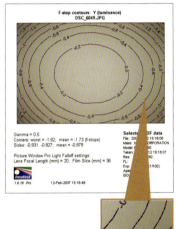

▶ Imatest 软件分析镜头在 14mm 于最大光圈时失光分布的情况。

变形控制

虽然 D80 只是用上镜头中央的部分，但是以超广角镜标准来说，此镜只有轻微的桶状变形，表现实在出色。

▲ 相对焦距：14mm x 1.5 = 21mm

测试后记

就超广角用途上，个人一向会比较倾向选择变焦镜，其中一个原因是焦距控制上比较有弹性，不过缺点就是变形控制一般都较差。就例如 AF-S DX Zoom-Nikkor 12-24mm f/4.0G IF-ED 这只超热门的镜头，在变形控制上也只是一般。相反地，这只 14mm 超广角定焦镜，在变形控制有过之而无不及，相信也是令它售价高企的原因（街价接近一万元）。

坦白说，如果要真金白银，即时拿出这一万元购买一只镜头，要作出这个决定相信也不容易。如果你本身很着重变形的问题，大可考虑这只镜头，因为它的成像应该很令人满意。不过如果要求不高且银根颇有限的，原厂的 12-24mm 镜头已可应付大部分情况需要。

by Gary

合适拍摄题材

· 风景　　· 建筑物　　· 抓拍

优点
· 变形控制出色
· 对焦爽快
· 有高级镜的手感

缺点
· 镜头庞大沉重
· 色散控制一般
· 对预算不多的人较难负担

AF Nikkor 14mm f/2.8D ED

镜片结构：12 组 14 片
对角线视角：114°
最大光圈值：f/2.8
最小光圈值：f/22
光圈叶片数目：7 片
最近摄距离：0.2 m
放大倍率：1:6.7
滤镜尺寸：后插式滤镜
体积：φ87 x 86.5mm
重量：670g

▲ 采用 1 片 ED 镜及 2 片非球面镜

令拍摄变得更轻松
AF Nikkor 24mm f/2.8D

在上世纪七、八十年代，单镜头反光机市场正经历轻量化及自动化，吸引不少影友开始摄影。而当时市面上绝大多数的广角变焦镜头均由35mm做起首，因此当他们在选购多一只广角镜头时，都不约而同地选择24mm的定焦镜头。有这样的选择当然不难理解吧，28mm实际上比35mm宽不了多少，同时28mm镜头的价钱也不比24mm便宜很多，因而选择24mm定焦镜头作广角的补充就是与35mm变焦镜头的一个绝配，难怪24mm是一只相当受欢迎的广角镜头。时至今日，变焦镜头大多数由28mm或24mm做开端，大体上24mm定焦镜头已不复当年的风彩了。不过在数码时代，APS-C的感光元件却也造就了24mm，很多影友也喜欢追求简单的套上一只广角镜头在数码单镜头反光机上，而24mm在焦距转换后却刚好是36mm，正中简约用户的下怀了。

▲因为是D镜设计，镜身有手动光圈环，而且有清晰的对焦距离显示。

要提到Nikkor的24mm镜头可算是摄影器材史中的一个经典，它在1967年推出时是全球首只采用浮动镜片设计 (Close-Range Correction System) 的镜头，能确保相片在无限远位置抑或在近距离拍摄时也有卓越的成像，亦可减轻镜头边位出现失光的问题；此外它亦是当时在相同焦距中拥有最大的光圈值，因此24mm f/2.8的推出是一个划时代的设计。至于目前在市面的AF Nikkor 24mm f/2.8D，光学设计源自1977年的Ai版本，采用9组9片的光学设计。在这三十年来尼康也未予更新，足见他们对该个光学设计的信心。镜头变形度相当轻微，即使仔细观看也较难察觉。唯该镜头在光暗对比强的边缘位置，出现色散问题仍未解决，始乎这是在数码时代需要更新的一项理由。

▲现在尼康很多镜头都是泰国及中国制，但此镜头是日本制造。

你要知！

全球首只拥有浮动镜片组合镜头！
尼康的24mm f/2.8在1967年推出时，是全球首只拥有浮动镜片组合的镜头。现时的AF版本为第二代光学设计，始于1977年，至今刚好是三十年了。

解像度测试

整体而言，镜头的解像力表现只是一般，中央解像力还可以，但边缘位置的影像较为松散。例如在尼康 D80 测试下，在不同光圈下，边缘位置平均只有约1400LW／PH的分数，的确是比较逊色，幸而中央位置平均也有1600LW／PH，表现中规中矩。

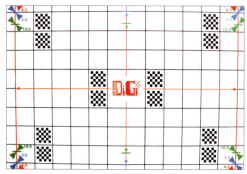

$$MTF50(corr) = 0.313 \ C/P \ (R=2)$$
$$= 1621 \ LW/PH \quad [3.92 \ mpxls \ ideal]$$

▲ Imatest 软件SFR MTF50分析结果

		最大光圈	f／4	f／5.6	f／8	f／11	f／16
24mm	中央	1754LW／PH (f／2.8)	1681LW／PH	1691LW／PH	1737LW／PH	1656LW／PH	1621LW／PH
	边缘	1271LW／PH (f／2.8)	1135LW／PH	1446LW／PH	1448LW／PH	1438LW／PH	1189LW／PH

镜头失光测试

在广角焦距下，失光的问题会相对远摄严重。而24mm f／2.8平均有1.06级失光，也算是中规中矩，表现与预期相仿。

▶ Imatest软件分析镜头在14mm于最大光圈时失光分布的情况。

变形控制

在变成36mm相对焦距后，镜头只有轻微的桶状变形情况，表现尚算可以。

▲ 相对焦距：24mm × 1.5＝36mm

测试后记

各人有各人不同的口味，数码单反用户都会因应自己习惯、需求及财力而考虑镜头。其实论尼康 50mm以下的定焦镜，很多人都会考虑35mm f／2，因为解像力高，近拍功能又出色，而且售价也不高，纵使如此，自己最终却是购买了24mm f／2.8这只镜头。诚然，此镜头无论在解像力、近拍能力、可用的最大光圈及低位位等等都不及35mm f／2，性价比明显较低。不过有一点是35mm f／2没办法比得上的，就是广角焦距，因为经过焦距转换后，已经变成50mm标准镜。相反，24mm f／2.8经过焦距转换后，也有小广角的36mm焦距，可满足以人带景的拍摄要求，亦勉强可以拍摄小广角风景照。

论价位，此镜的街价比35mm f／2贵上约二百元，相差不是很大，亦相信如此差价，应该不会影响大家如何决定。而事实上，24mm f／2.8与35mm f／2各有所长，最终的选择，反而取决于个人的喜好或拍摄习惯。

by Gary

合适拍摄题材
・抓拍　　　・人像　　　・风景

优点
・较易拍以人带景照片
・轻巧便于随身拍
・对焦快速

缺点
・边缘位置解像力一般
・光圈稍嫌太小
・对焦声浪明显

AF Nikkor 24mm f/2.8D

镜片结构：9组9片
对角线视角：84°
最大光圈值：f／2.8
最小光圈值：f／22
光圈叶片数目：7片
最近摄影距离：0.3m
放大倍率：1:8.9
滤镜尺寸：52mm
体积：φ 64.5 × 46mm
重量：270g

Check Point

◆ 0.25m最近对焦距离

◆ 镜身仅重205g

◆ f/2大光圈

高评价高性价比
AF Nikkor 35mm f/2D

　　有些影友喜欢使用50mm标准镜，皆因拍摄效果贴近人眼的可视角度，加上在此焦距时镜头没有变形的问题，因此成为了影友们的"标准"。不过有些影友指出人有两只眼，因此35mm始乎更合乎人眼的可视角度。不论你认同第一派好，还是第二派好，不能否认的是35mm镜头因为其较阔的可视角度，令在拍摄时具有一定的弹性。在尼康的35mm镜头列中，主要是推出过35mm f/1.4、35mm f/2及35mm f/2.8。单从它们的最大光圈值大家已可知它们的定位：35mm f/2.8当然走入门路线吧，提供一个既轻巧又相宜的选择；而身为顶级镜的35mm f/1.4，虽拥有较大的光圈值，但却拥有相当轻巧的镜身。因它被冠以52mm的口径，让大家可以在使用滤镜上更为便捷（绝大多数的尼康定焦镜头均是52mm口径）。不过这样的设计却使镜头在最大光圈值时，反差以致解像力有所牺牲。

▲ 对焦时，镜身会有少许伸长的情况。

　　反观35mm f/2在光学质量上却有相当出色的表现，早年已在影友间建立了良好的口碑。不过与AF Nikkor 24mm f/2.8D有所不同的是，在进入自动对焦年代，尼康为35mm f/2注入一个全新的光学设计。新设计中使用了更简约的5组6片镜片结构，而当中最大的转变就是最近对焦距离由以往手动的0.3m变成现在的0.25m，使放大比率推高至1:4.2。此镜的解像力极高，除了在最大光圈时镜头边缘位置只有1560LW/PH外，其余的光圈值镜头中央与边缘位置的表现相当接近，实在强横。而镜头变形控制极佳，以肉眼看并没有察觉有变形的问题出现。整体来说，AF 35mm f/2拥有极佳的成像表现，加上仅是二千多元的身价，更显得其物有所值之处。

▲ 在接上D80后，感觉非常轻便，符合用户轻松拍的要求。

你要知！

那只尼康 35mm定焦镜最受欢迎？

　　35mm f/2早在1995年推出，是深受尼康用户赞赏的一只广角镜头。凭着其较出色的成像表现，使其较其余两只35mm镜头（f/1.4及f/2.8）一直有更佳的销量。

▲Photo by Gary，f/6.3，1/500s，ISO 400，Auto WB，相对焦距：35mm x1.5=50mm，尼康 D80

解像度测试

　　35mm f/2有个很特别的地方，就是其解像力已经在很早阶段发力，就例如配合尼康 D80测试下，在f/2.8已达到1806LW/PH的分数，而f/2更是个可用的大光圈，表现远超乎预期。只是f/8-f11的光圈范围欠缺惊喜，表现仅属一般。

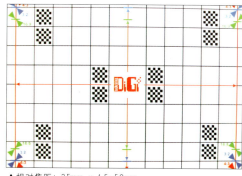

$$MTF50(corr) = 0.348 \text{ C/P} \quad (R=2)$$
$$= 1806 \text{ LW/PH} \quad [4.87 \text{ mpxls ideal}]$$

▲Imatest软件SFR MTF50分析结果

		最大光圈	f/2.8	f/4	f/5.6	f/8	f/11	f/16
35mm	中央	1739LW/PH (f/2)	1806LW/PH	1717LW/PH	1817LW/PH	1755LW/PH	1616LW/PH	1629LW/PH
	边缘	1560LW/PH (f/2)	1698LW/PH	1547LW/PH	1797LW/PH	1635LW/PH	1605LW/PH	1541LW/PH

镜头失光测试

　　在D80测试下，镜头在f/2大光圈下录得约平均1.14级的失光，失光情况尚可接受，而且我们未必会经常用到f/2如此大光圈，而且只要把光圈稍收一级，失光问题就可解决。

▶ Imatest软件分析镜头在35mm于最大光圈时失光分布的情况。

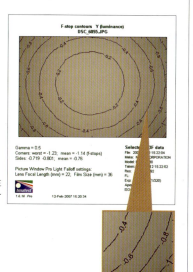

变形控制

　　在相对焦距50mm下，镜头出现轻微的桶状变形的情况，如果大家想购入此镜当作50mm标准镜用途的话，就更需要留意它的变形程度是否能够接受。

▲相对焦距：35mm x 1.5=50mm

测试后记

　　为了拍得更轻便，有好一段时间，自己在努力寻找一只随身轻便的广角定焦镜，而且需要有大光圈，可应付如室内这类较低光源的环境。宏观众多尼康用户的口碑，AF Nikkor 35mm f/2D是只解像力非常出色的镜头，镜身轻巧可充当随身镜，而当中的超短最近可对焦距离，更令它在某程度上变成微距镜。不过在几番考虑下，自己最终没有购买这只镜头，是因为35mm焦距在数码单反身上，已经变成一只50mm标准镜，无法达到小广角的要求。

　　不过如果自问不介意没有广角，AF Nikkor 35mm f/2D是只极值得购入的镜头，全面的功能及出色的解像力，再加上不过约二千元的售价，实在是性价比非常高。最严峻的问题反而是如何把这只镜头弄到手，尼康的货源甚少，往往需要在店铺订购并等上一两个月才有现货。

by Gary

合适拍摄题材

・人像　　　　・抓拍　　　　・花卉

优点	缺点
・解像力出色	・轻微桶状变形
・镜身细小轻巧	・在数码单反上欠广角
・可当做微距镜使用	・货源太少

AF Nikkor 35mm f/2D

镜片结构：5组6片
对角线视角：62°
最大光圈值：f/2
最小光圈值：f/22
光圈叶片数目：7片
最近摄影距离：0.25m
放大倍率：1:4.2
滤镜尺寸：52mm
体积：φ64.5 x 43.5mm
重量：205g

经济实惠之f/1.4镜头
AF Nikkor 50mm f/1.4D

尼康在自动对焦年代曾推出过三只f/1.4的AF镜头，分别是28mm、50mm及85mm。不过相当令人感到可惜的是28mm f/1.4已于2005年停产，在ebay中的拍卖价更高达二万港元，似乎它已成为大部分尼康用户最遥不可及的一只f/1.4镜头；至于85mm f/1.4是典型的人像镜皇，价钱也可以算是合理，不过也要拱手拿出近七千元才能买下；相对而言，50mm f/1.4便"亲民"得多了，只要不到二千元便可一尝f/1.4大光圈的滋味。加上当把50mm镜头安装于尼康的数码单反身上时，镜头的焦距便会转化成与全画幅75mm相若的可视角度，遂使该镜化身成一只相当实用的大光圈人像镜头。

要提到选购标准镜头，网上总有不少用户仍在争论着买f/1.4还是f/1.8好？个人认为只要有足够的经济能力的话，那当然是买f/1.4吧。有些用户可能反驳f/1.4比起f/1.8才大了半级光圈，但价钱却是f/1.8两倍之多，f/1.4实在是不值。不错，价钱的确相差如此，f/1.8标准镜也比起对家C品牌相机厂而言至少采用了金属卡口，感觉上也扎实了很多。但始终一分钱一分货就是不变的道理，在制作大光圈镜头时故之然光学设计会相应更为复杂，再者f/1.4镜头在外壳质量上也较f/1.8为之优胜。只要大家实际把玩过两只镜头后便会发觉无论是光圈环及对焦环，f/1.4标准镜也会较为顺畅。当然不能否定的是f/1.8已是相当之够玩，而相对较高价格的f/1.4来说，这多付了两倍的价钱可不是白花的。因此只要经济能力许可，50mm f/1.4绝对值得购买。

▲镜身手感扎实，虽未达高级镜水准，但是明显比50mm f/1.8佳。

▲在对焦时，镜身会稍稍伸长。

你要知！

家传户晓的的6组7片光学设计？

50mm f/1.4标准镜头采用了尼康家传户晓的6组7片光学设计，这个镜头结构可追溯自1976年的非Ai版本，是尼康仍在产的镜头中光学设计最悠久之一。

▲Photo by Gary，f/9，1/500s，ISO 200，Auto WB，相对焦距：50mm x1.5=75mm，尼康 D80

解像度測試

究竟一只超大光圈标准镜的解像力表现如何呢？就尼康 D80测试结果，镜头的解像表现非常平均，中央与边缘分数接近，平均1700LW/PH的分数，有不俗的表现。至于大家关心的大光圈，除边缘位置较松散，中央位置尚可，只要把光圈收小至f/2.8，解像力就明显提升。

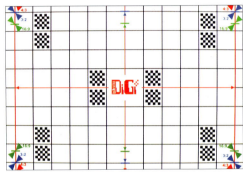

$$MTF50(corr) = 0.334\ C/P\ \ (R=2)$$
$$= 1733\ LW/PH\ \ \ [4.49\ mpxls\ ideal]$$

▲ Imatest软件SFR MTF50分析结果

		最大光圈 (f/1.4)	f/2.8	f/4	f/5.6	f/8	f/11	f/16
50mm	中央	1558LW/PH	1677LW/PH	1680LW/PH	1702LW/PH	1745LW/PH	1797LW/PH	1733LW/PH
	边缘	1252LW/PH	1620LW/PH	1617LW/PH	1640LW/PH	1752LW/PH	1780LW/PH	1722LW/PH

镜头失光测试

不愧为标准镜皇牌，失光方面有不错的控制，例如平均只有0.956级失光，镜头失光情况轻微，稍收光圈就可大大改善。

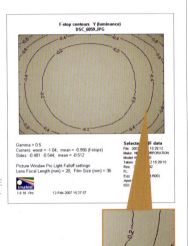

► Imatest软件分析镜头在50mm于最大光圈时失光分布的情况。

变形控制

由于很多也会拿此镜来拍摄人像，镜头的变形控制就变得更重要。镜头接上数码单反后，有轻微的桶状变形，用作人像拍摄也可以接受。

▲ 相对焦距：50mm x 1.5＝75mm

测试后记

有些人说在同一个焦距下，f/1.4镜头的表现往往不及f/1.8镜头，原因是用上的镜片较多，组件也会更复杂，以致在高质量的成像控制更困难。这只AF Nikkor 50mm f/1.4D在解像力上与AF Nikkor 50mm f/1.8D不遑多让，而且有更佳的手感及专业外观，在此消彼长下，令人更想投入50mm f/1.4的怀抱。

相比AF Nikkor 35mm f/2D来说，50mm f/1.4货源较多，所以并不难买，而且定价相当可人，也不过1800元左右，那么就可一尝f/1.4超大光圈的感觉，试问怎不教人心动。而且镜头用上尼康大多定焦镜采用的52mm滤镜尺寸，如果本身留有多一片52mm滤镜的话，更可省回购买滤镜的金钱。

by Gary

合适拍摄题材

· 抓拍　　· 人像　　· 花卉

优点

· 可充当人像镜
· 解像力出色
· 手感扎实

缺点

· f/1.4解像力一般
· 对焦时镜头会伸长
· 对入门者售价较高

AF Nikkor 50mm f/1.4D

镜片结构：6组7片
对角线视角：46°
最大光圈值：f/1.4
最小光圈值：f/16
光圈叶片数目：7片
最近摄影距离：0.45m
放大倍率：1:6.8
滤镜尺寸：52mm
体积：φ 64.5 x 42.5mm
重量：230g

平靓正大光圈首选
AF Nikkor 50mm f/1.8D

在分析AF Nikkor 50mm f/1.8D之前,不如先了解什么是标准镜头。大家都知道在镜头的分类当中,有一类镜头我们会称之为标准镜,不过究竟什么镜头算是"标准"?其实标准镜,一般指视角和透视感接近人眼,原则上也不会有变形出现,也就是常用的50mm定焦镜头。这类标准镜头的另一个特色,就是通常会是一个镜头系列中,结构最简单且体积最小的一只镜头,所以也因此较易拥有大光圈的规格。而AF Nikkor 50mm f/1.8D比较之AF Nikkor 50mm f/1.4D的另一个优势,就是造价较低,所以即使已经拥有同焦距变焦镜的人,也仍然会多买一只标准镜来备用。

▲镜身虽然手感一般,但是一想到只是几百元货品,就会觉得原来已经非常超值。

购买50mm标准镜的理由,应该不难找到,余下来的问题是,如果要买一只50mm镜头,应该拣50mm f/1.8,还是50mm f/1.4?如果你是以预算为优先考虑,那毫无疑问是50mm f/1.4较为符合要求。两只镜的光圈相差一级也不够,但价格相差却高达2-3倍,但两者之间的质量差距,又其实不是如此大。AF 50mm f/1.8D本身在锐度和色彩方面的表现,也有一定水准,50mm定焦的规格,变形控制也不会有大问题,大家可再看参考后面的测试。不过有一点可以肯定的,就是50mm f/1.8的外观的确不及50mm f/1.4专业,而且手感也不及后者扎实,这可能是令你犹豫是否入手的一大原因。但如果你想有一只平价但质量高的镜头,或者你想在变焦镜以外有一只大光圈镜应付不时之需,那AF 50mm f/1.8D会是你的必然之选。

▲镜身用上金属卡口,一点也不马虎

你要知!

迟来的D镜成员

尼康在F90加入立体矩阵测光系统,新系统需要镜头提供距离资料以配合资料运算,因此在1992年开始,尼康陆续把AF镜头"D化"。不过50mm f/1.8是当中最迟"升级"的一只,要到2002年才从非D镜过渡至D镜。

▲Photo by Gary，f/10，1/100s，ISO 200，Auto WB，相对焦距：50mm x1.5=75mm，尼康 D80

解像度测试

数百元的50mm f/1.8，究竟解像力有多少能耐，大家一定很想知道。坦白说，在D80测试下，镜头的解像力在各个光圈也有上佳的表现，把光圈收小至f/4时，更可看到中央与边缘的解像力有明显提升，而镜头的最佳光圈是f/5.6，拍摄时不妨多用。

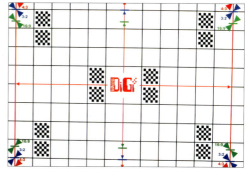

$$\text{MTF50(corr)} = 0.361 \text{ C/P} \ (R=2)$$
$$= 1872 \text{ LW/PH} \quad [5.23 \text{ mpxls ideal}]$$

▲Imatest软件SFR MTF50分析结果

		最大光圈 (f/1.8)	f/2.8	f/4	f/5.6	f/8	f/11	f/16
50mm	中央	1672LW/PH	1716LW/PH	1802LW/PH	1872LW/PH	1832LW/PH	1794LW/PH	1692LW/PH
	边缘	1550LW/PH	1584LW/PH	1687LW/PH	1846LW/PH	1792LW/PH	1774LW/PH	1658LW/PH

镜头失光测试

镜头在最大光圈f/1.8时，有平均约1.18级的失光，失光情况尚可接受，数百元镜头其实也可以有上佳表现。

▶ Imatest软件分析镜头在50mm于最大光圈时失光分布的情况。

变形控制

50mm f/1.8在接上数码单反会变成一只人像镜，幸好是镜头的变形问题并不严重，只有轻微的桶状变形，不失标准镜低变形作风。

▲相对焦距：50mm x 1.5＝75mm

测试后记

一向对于尼康机在锐度方面的表现，有非常深刻的印象，而使用50mm f/1.8D，就很有相得益彰的效果。不过要注意的是，当50mm f/1.8D接上尼康的数码单反之后，焦距变换成了75mm（50mm x 1.5），如果你用来拍摄人像，75mm会是相当之适合的焦段。不过也有用户觉得这只镜头的散焦未够圆润，原因不像85mm f/1.4等用上圆形光圈叶片。以价论镜，一只如此平价的镜头，可以有如此高的画质表现，已经是物超所值。

如果大家有细心比较50mm f/1.4与50mm f/1.8的实际表现，会发现到两者的实力相差，并不如差价般大，更可以说50mm f/1.8的实力已经追上前者。不过自问对f/1.4有所追求的，又或是外观手感有较高要求，此镜头当然未必适合你。

by Saya

合适拍摄题材
· 抓拍　　· 人像　　· 花卉

优点
· 可充当人像镜
· 解像力出色
· 变形控制出色

缺点
· 对焦声浪颇大
· 手感不够扎实
· 外观较入门

AF Nikkor 50mm f/1.8D

镜片结构：5组6片
对角线视角：46°
最大光圈值：f/1.8
最小光圈值：f/22
光圈叶片数目：7片
最近摄影距离：0.45m
放大倍率：1:6.6
滤镜尺寸：52mm
体积：φ63.5 x 39mm
重量：155g

Check Point

◆内对焦设计
◆圆形光圈叶片
◆全金属镜身

皇牌大光圈人像镜
AF Nikkor 85mm f/1.4D IF

　　数到尼康自动对焦镜头的人像皇牌，目前来说肯定就是AF Nikkor 85mm f/1.4D IF这只。与现在的AF年代不同，在以往的Ai卡口年代，尼康分别就85mm定焦镜头推出了f/1.4及f/2版，与现在的f/1.4及f/1.8版本不同。虽然如此，f/1.4如此的大光圈，无论是手动镜还是自动对焦镜年代也好，重要性一直丝毫无减，在未知道尼康会否再推出f/1.2甚至f/1.0的85mm定焦镜前，AF Nikkor 85mm f/1.4D IF就是最顶级的人像镜选择。话说这只镜头是顶级镜，从观头的外观已略知一二，因为镜头用上自家高级镜才有的全金属镜身，与同门的85mm f/1.8的塑胶镜身相比，那扎实的手感实在是无法比较，如果自问本身重外观兼手感的，此镜肯定是你的口味。

▲镜身全金属设计，手感非常扎实。

　　此镜早在1995年推出，被称为顶级的，设计上自然有些特别，首先镜头用上IF（Internal Focusing）内对焦设计，事实是如此大光圈镜还要做到内对焦设计，实在是一点也不容易，而且可令对焦速度加快之余，镜头的长度也没有因此而增加。事实是镜头虽然没有静音超声波马达，但是对焦速度依然明快。另外，85mm f/1.4无疑是以人像拍摄路线设计，镜头用上的8组9片光学设计当中，是配有圆形光圈叶片，这可令拍摄出来的散景更自然，极为适合人像拍摄。不过在测试过程中，发现镜头的色散问题颇为严重，就算是把光圈收小一级，影像中依然出现类似紫边的色散现象，而且需要把光圈收小至f/4，问题才开始减轻，色散控制方面比85mm f/1.8较弱。如果尼康将会为85mm f/1.4再推出新版的话，色散问题似乎是最需要解决的一环，毕竟镜头的售价也要六千多元，要求高一点也不算过份。

▲大光圈镜头后组镜片一般十分凸出，安装镜头时要比较小心。

你要知！

人像镜皇迟迟未推出的原因？

　　85mm f/1.4是尼康三只AF f/1.4镜头中（分别为28mm、50mm及85mm定焦镜）最迟来的一只，在1995年才正式推出。不过它并非简单的把手动镜头"AF化"，而是采用全新的8组9片光学设计，或许这就是迟来的原因。

▲Photo by Gary，f/13，1/160s，ISO 400，Auto WB，相对焦距：85mm x1.5=127.5mm，尼康 D80

解像度测试

在配合尼康 D80测试下，镜头的解像力有平均上佳的表现，在f/8下中央位置更录得1911LW/PH的分数，延续尼康定焦镜一贯高解像的风格。至于最大光圈f/1.4表现只是一般，边缘位置仅有1027LW/PH，但大光圈又实在难以要求太高。

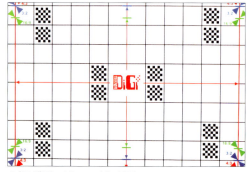

$$MTF50(corr) = 0.335\ C/P\ (R=2)$$
$$= 1735\ LW/PH\quad [4.5\ mpxds\ ideal]$$

▲Imatest软件SFR MTF50分析结果

		最大光圈 (f/1.4)	f/2.8	f/4	f/5.6	f/8	f/11	f/16
85mm	中央	1210LW/PH	1513LW/PH	1649LW/PH	1864LW/PH	1911LW/PH	1870LW/PH	1735LW/PH
	边缘	1027LW/PH	1477LW/PH	1534LW/PH	1597LW/PH	1759LW/PH	1693LW/PH	1522LW/PH

镜头失光测试

在数码单反测试下，镜头录得仅有约平均0.6级的失光，不要忘记乃是f/1.4全开光圈下的表现，其表现实在远超预期。就测试结果来说，镜头失光情况轻微，有顶级镜头之风范。

▶ Imatest软件分析镜头在85mm于最大光圈时失光分布的情况。

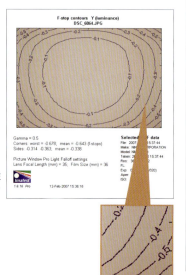

变形控制

人像拍摄最需要一只变形控制出色的镜头，否则拍出来的人脸变形就不好看。至于此镜有出色的变形控制能力，在测试下，影像只出现轻微的桶状变形。

▲相对焦距：85mm x 1.5=127.5mm

测试后记

由于自己本身没有这只镜头，测试时都是借回来的，而拿上手的第一个感觉就是沉重，心想如果镜头可以被设计得轻身一点，就如很多尼康的定焦镜一样，拍摄起来也轻松得多。当然论镜头重量的轻重是很主观的，不过论镜身的做工就很客观，一摸上手就知道是高档的金属镜身，如此质感的尼康镜越来越买少见少，就如尼康的大光圈定焦镜一只一只的被停产一样。

相比很多尼康定焦镜（定焦大炮除外），此镜的售价实在是高昂，除非是非富则贵，在一般用途下，相信大家未必会考虑这只镜头，毕竟与85mm f/1.8的售价相差太远了。不过个人最希望的，是尼康考虑为此镜推出新版时，实在要留意一下色散方面的问题，原因是拍人像很多时都会用上较大的光圈拍，如果要把光圈至少缩小到f/4后，色散才有较佳控制，似乎大大减低了这人像镜头的实用性。

by Gary

合适拍摄题材
· 人像　　　　· 抓拍

优点
· 解像力出色
· 对焦爽快
· 有高级镜的手感

缺点
· 色散控制一般
· 对预算不多的人较难负担

AF Nikkor 85mm f/1.4D IF

镜片结构：8组9片
对角线视角：28° 30′
最大光圈值：f/1.4
最小光圈值：f/16
光圈叶片数目：9片
最近摄影距离：0.85m
放大倍率：1:8.8
滤镜尺寸：77mm
体积：φ 80 x 72.5mm
重量：550g

"性价比王"人像镜
AF Nikkor 85mm f/1.8D

所谓人像镜头是指焦距由70mm至135mm，用于拍摄半身人像并可以造就浅景深的一系列镜头，由于这些镜头不受桶状变形影响，因此用以拍摄人像主题非常合适。众所周知尼康的数码单镜头反光机焦距折换为1.5倍，故此无论阁下是装配在胶卷系统，还是用在数码系统（127.5mm），85mm仍是一只理想的拍摄人像镜头（但个人较喜欢全画幅时的85mm焦距）。在尼康的F卡口中，首只85mm定焦镜头可追溯至1964年，当时推出的为4组6片f/1.8光圈版本。但不知何解在进入Ai卡口年代，尼康却推出f/2版本以替代非Ai的f/1.8版本，或许这是尼康为日后推出的f/1.4版本铺路罢了。

直至自动对焦年代，尼康才重新推出AF 85mm f/1.8。新镜采用全新的6组6片光学设计，而为配合自动对焦功能，尼康刻意把镜头设计成后组对焦（Rear Focus System），这既可增加对焦速度，亦使在对焦时镜筒不会旋转，方便外加滤镜。在成像方面，AF Nikkor 85mm f/1.8D保持尼康一向锐利的作风，解像力可媲美AF 85mm f/1.4，甚至有过之而无不及。看来这两只镜头的差别就在于AF 85mm f/1.8欠缺大半级光圈及华丽的金属外壳，但想清楚只需付1/3的价钱便可买到优质的人像镜头，这些牺牲又算得是什么呢？无疑AF 85mm f/1.8绝对可称得上是一只"性价比王"。值得一提，AF 85mm f/1.8（D镜版本的前身）是首批配备有橡胶对焦环的镜头之一。早期的自动对焦镜头，大多采用金属制的对焦环，在手动对焦时手感并不算太佳，因此到该镜推出时便以橡胶包裹着，使手动对焦时更为舒适。

▲镜头对焦环用上的橡胶，是当年（即1994年）尼康的创新尝试。

▲在接上D80后，镜头的平衡感十分好，没有头重尾轻的感觉。

你要知！

首见橡胶包裹的对焦环？

尼康早期的AF镜头大多使用上金属或硬胶的对焦环，使在手动对焦时手感不佳。当AF 85mm f/1.8（非D版本）在1988年首次推出时，却采以橡胶包裹着的对焦环，而在此往后推出的AF镜头均以此作为标准。

▲Photo by Gary，f/11，1/250s，ISO 200，Auto WB，相对焦距：85mm x1.5=127.5mm，尼康 D80

解像度测试

此镜头的解像力表现上，主要有两个特色，一是很早便发力，例如在 f/2.8 已经获取极高的解像分数，二是中央与边缘的解像力十分接近，就算是用上大光圈拍，也是令人觉得可以信赖。镜头整体解像表现不俗，与 85mm f/1.4 的表现相当接近，甚至在某些光圈有过之而无不及。

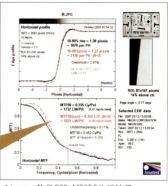

$$MTF50(corr) = 0.352 \ C/P \quad (R=2)$$
$$= 1825 \ LW/PH \quad [4.98 \ mpxls \ ideal]$$

▲Imatest软件SFR MTF50分析结果

		最大光圈 (f/1.8)	f/2.8	f/4	f/5.6	f/8	f/11	f/16
85mm	中央	974.8LW/PH	1876LW/PH	1860LW/PH	1786LW/PH	1825LW/PH	1797LW/PH	1724LW/PH
	边缘	936.5LW/PH	1767LW/PH	1771LW/PH	1582LW/PH	1695LW/PH	1783LW/PH	1714LW/PH

镜头失光测试

就算是全开光圈的 f/1.8，在 D80 测试下，镜头只有平均 0.613 级的失光，是相当轻微的失光表现，而且只要再把光级收小半级，镜头失光问题便可大幅改善。

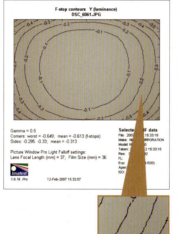

▶ Imatest软件分析镜头在 85mm 于最大光圈时失光分布的情况。

变形控制

镜头出现极其轻微的桶状变形，不过却不太影响实际拍摄，例如拍摄人像这类对变形控制要求较高的题材也不是问题。

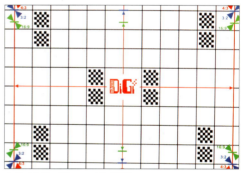

▲相对焦距：85mm × 1.5 = 127.5mm

测试后记

人像拍摄虽然不是自己最喜欢的题材，不过曾几何时，自己亦曾入手这只镜头，虽然现在已 "赠予" 摄影有心人，但是对这只镜头依然印象深刻。镜头手感异常地好，扎实之余又不会像 85mm f/1.4 般大块头。自己很关心镜头的重量多寡，原因是就算镜头有多优秀也好，太重的镜头始终提不起自己拿出来拍摄的兴致，不过这只镜头的重量及体积适中，是较容易负担的一类。另外，镜头的解像力也令我眼前一亮，只要把光圈收小至 f/2.8 后，其锐度肯定满意，而且色散控制比 85mm f/1.4 好，实在想不到不入手的理由。

个人建议是如果自问不是 "人像狂热" 的一类，其实直接购买 85mm f/1.8 就可，一来售价便宜得多，二来它只不过比 85mm f/1.4 小上不到一级光圈，再加上解像力与后者差不远，色散控制也比后者佳。不过如果想 "一镜到顶"，日后不做它想的话，当然直接购买 85mm f/1.4 较无后顾之忧。

by Gary

合适拍摄题材

· 人像　　· 抓拍

优点

· 解像力出色
· 对焦爽快
· 售价相宜

缺点

· 最近可对焦距离较远
· 接上数码单反变成难用的 127.5mm 焦距

AF Nikkor 85mm f/1.8D

镜片结构：6组6片
对角线视角：28° 30'
最大光圈值：f/1.8
最小光圈值：f/16
光圈叶片数目：9片
最近摄影距离：0.85m
放大倍率：1:9.2
滤镜尺寸：62mm
体积：φ71.5 × 58.5mm
重量：380g

专业用移轴微距镜
PC Micro-Nikkor 85mm f/2.8D

从外型看，PC-Micro 85mm f/2.8D的外型相当怪异，镜头前方拥有圆型的镜筒，而在近镜头末端却有一个四方型的装置，上面还有一些刻度，到底这是什么？PC的全写是Perspective Control，也就是可供调校透视感的镜头。听起来倒复杂，不如就简单讲一讲它的实际用途吧！在日常生活中我们拍摄一些宏伟的建议物，很多时都会从下把镜头仰向上方拍摄。然而大家可会留意拍出来的效果，当我们使用的镜头越广阔，这些建筑物都会越向后倾。而PC镜头的用处就透过镜头移轴来把这些建筑物"矫直"回来。而尼康是全球首间把移轴镜技术引进至35mm系统的，早在1962年时便推出了PC-Nikkor 35mm f/3.5的镜头，以方便用户拍摄建筑物之用。不过，随着近年数码相机的流行，透过Photoshop已可随意改变相片的透视感，因而使尼康停产了PC 28mm及PC 35mm镜头，所剩下的就只有PC 85mm了。

▲PC 85mm于水平倾角（Tilt）8.3° 的情况。

如前所说，PC镜头都用在拍摄建筑物之上，那么怎么会与微距找上了关系呢？其实PC镜头在调整透视感的同时，景深也会一并被转移。举例来说，要近距离45°拍摄一只手表，要让景深足以覆盖整手表，用上f/45光圈恐怕也不能做到；反观透过PC镜头把透视感调至与手表平放的角度，则即使是使用上f/16光圈，景深也能足以覆盖，令微距拍摄上得到更大的弹性。虽然PC-Micro 85mm拥有像一般AF镜头的外型，也有金属接触点与相机沟通，但大家可别误会，要操控这只镜头全都需要手动调校。莫说是对焦的工作，就连光圈也因其拥有移轴组件的关系而取消了光圈叶片与相机连动的设计，故此便需要使用预设调校的方式，要熟悉使用还需一段时间操练呢！

▲按下卡口旁边的 锁定释放开关，PC 85mm镜头就可以绕着光轴左右旋转90°

你要知！

移轴微距功能镜头？

PC 85mm是尼康首只拥有移轴功能的微距镜头。但奇怪的是，移轴技术是尼康最先引入至35mm系统的，但应用在微距镜头上却是个迟来者。

倾角（Tilt）及反倾角（Reverse-Tilt）的拍摄示范

测试方法：

把尼康 D80连同PC Micro-Nikkor 85mm f/2.8D固定在三脚架上，并在同一位置用最大光圈（f/2.8）以正常、倾角（Tilt）及反倾角（Reverse-Tilt）的方法拍摄特定摆设，见证移轴斜拍的有趣之处。

拍摄设定：
- ISO 100
- f/2.8（光圈先决模式）
- 使用自拍器
- 对焦点为最右手边的茶叶罐
- 固定对焦点

▶ 现场拍摄环境

正常

▲拍摄实例

▲PC Micro-Nikkor 85mm f/2.8D实况

结论：最正常看到的浅景深范例，几乎没有什么特别之处。

倾角（Tilt）

▲拍摄实例

▲PC Micro-Nikkor 85mm f/2.8D实况

结论：几乎斜面上所有的茶叶罐都能成功合焦，成功引证Scheimpflug定律，不过相片的构图跟"正常"有少许分别，有需要移动相机重新构图。

反倾角（Reverse-Tilt）

▲拍摄实例

▲PC Micro-Nikkor 85mm f/2.8D实况

结论：合焦点移至由右边起的第二个茶叶罐，相片的清晰范围比"正常"模式来得极为狭窄，第一及第三个茶叶罐的模糊感几乎一样。不过，在同一位置作Reverse-Tilt，相片"走位"的问题更大，有需要移动相机重新构图。

测试后记

对于移轴镜头可能听得多，但是真正有机会一试的，机会实在不多。在过往也曾测试过佳能的TS-E 45mm f/2.8，虽然大概也知道原理是怎样的，但是真正亲手用起来，又是两码子远的事，感觉就是很难驾驭。至于此次测试的PC 85mm f/2.8，又是给我同样的感觉，需要一段时间才能适应。不过亦因为如此，它的玩味性比其他镜头明显高得多，除了可利用倾角（Tilt）来改变影像变形的情况外，利用平移（Shift）控制景深可是个非常有趣的地方，尤其对于我这类钟情商业摄影的人来说，吸引力就更大。

与其他品牌的移轴镜头不同，PC 85mm f/2.8提供0.5X放大倍率，是一只能同时兼顾微距拍摄功能的移轴镜头，虽然它身价接近一万元，但是如果你是爱好商业摄影，又或是微距拍摄的人，这只镜头带来的乐趣，肯定是你无法想像。

by Gary

合适拍摄题材
- 商业摄影
- 微距

优点
- 放大倍率达0.5X
- 有高级镜的手感

缺点
- 售价高昂
- 镜头稍重

PC Micro-Nikkor 85mm f/2.8D

镜片结构：5组6片
最大光圈值：f/2.8
最小光圈值：f/45
最近摄影距离：0.39m
最近工作距离：0.21m
放大倍率：0.5X
滤镜尺寸：77mm
体积：φ83.5 x 109.5mm
重量：775g

自制景深人像镜
AF Nikkor 105mm f/2D DC

拍摄人像相片最高的美感，莫过于用朦胧的背景衬托清晰的人像，以及为人像施以较柔和的画质。尼康推出的这只AF Nikkor 105mm f/2D DC镜头，只要用一点儿技巧，就能够在维持主体清晰之下，凭个人口味而自制特别散焦，为画面加添多一点的柔和自然美，乃是一只善于制造个人风格的人像镜头。很多人拍摄人像，除了会使用特大光圈的中长焦距镜头之外，很多时都会使用柔焦镜等的技术来加强人像拍摄效果。不过使用这种方法拍摄人像，很容易弄到主体的清晰度大减，亦令到人像摄影相片的美感大打折扣。这只DC 105mm镜头，有特别的DC（Defocus-image Control）可移动景深设计，单靠一个景深控制环，就可利用镜片细微的移动，可以向前或向后调节景深的方向，同时亦能够把人像主体维持一定的清晰度。

骤眼看这只镜头的DC景深控制似乎很复杂，其实只要明白它的窍门所在，它的景深控制并不难。它的景深调节环是有分开前后散焦控制，只要把景深控制拨向前景方向（F），便能柔化前景。相反，当拨向背景方向（R），就把背景打散，所以只要因应镜头的光圈值调校DC环，即可有效做出散焦效果。另外，只要把景深控制的数值做到比镜头的光圈值大（例如把镜头的光圈调至f/5.6，把景深控制向前或者向后设定至2.8的位置），镜头亦会制造出适当的柔焦效果，令主体更会变得更柔和。不得不提的是镜头的解像力不俗，业界亦有很高的评价，唯独拍摄时因为焦距增长的问题，令镜头在数码单反上取景比较困难，这相信是别人说它难用的地方。

▲DC镜头的一大特点，就是于镜头的前方有一个景深控制环。

▲因为这只镜头推出得比较早（1993年），自然也具有光圈环兼容旧款相机。

你要知！

第二只可调校焦点镜头？

105mm DC镜头于1993年推出，是尼康第二只可调校焦点范围的镜头。与135mm DC不同，基于它在1990年时已推出，因此曾推出过非D镜版本，反观105mm DC只有D镜的版本。

▲Photo by Gary，f/6.3，1/500s，ISO 200，Auto WB. 相对焦距：105mm x1.5=157.5mm. 尼康 D70s

景深控制示范

DC景深控制环于F（前方）位置 (f/5.6)

▲背景位置放大

▲对焦点位置放大

▲前景位置放大

DC景深控制环于中间位置 (f/5.6)

▲背景位置放大

▲对焦点位置放大

▲前景位置放大

DC景深控制环于R（后方）位置 (f/5.6)

▲背景位置放大

▲对焦点位置放大

▲前景位置放大

　　这只DC镜头的一大特色，在于它有一个景深控制环，可以随你意思控制景深的走向。在测试之中，即使转动了DC选择环而令到前景或者背景出现朦胧的感觉，其对焦点的清晰度仍也维持到。而且当DC环的数值比镜头的光圈值大时，更会出现柔焦的效果。以上的相片都仅是使用f/5.6光圈值，只要轻轻地调节DC环，就已很容易看到柔焦效果。

测试后记

　　对于爱好人像摄影的人来说，最希望要的是一只焦距适中，光圈够大，而且它的景深控制得宜的镜头。不过大部分所谓的人像镜，都是把画面整体柔化，画面的层次感及人像的美感却突显不到。这只DC镜头可透过可移动景深设计，控制部份镜片的移动，坦白说，能如此弹性地控制景深，肯定是尼康 DC镜头所独有的优势，绝对非别厂镜可媲美。

　　这只镜头的定位，很明显是针对人像摄影爱好者而设计，如果是一个专门作人像摄影的摄影师，它更加是一只不可多得的镜头，因为只需要约八千多元定价，就能拥有比起其他的人像镜头更完善功能的镜头。但相反地来说，如果你对人像摄影兴趣不大，此镜一定不会是你考虑之列。

by Gary

合适拍摄题材
- 人像
- 抓拍

优点
- 镜身非常扎实
- 景深控制设计
- 解像力不俗

缺点
- 镜身较重
- 对焦速度一般
- 只可在0.9m最近距离对焦

AF Nikkor 105mm f/2D DC

镜片结构：6组6片
对角线视角：180°
最大光圈值：f/2
最小光圈值：f/16
光圈叶片数目：9片
最近摄影距离：0.9m
放大倍率：1:7.7
滤镜尺寸：72mm
体积：φ79 x 111mm
重量：640g

防手震微距镜先驱
AF-S Micro-Nikkor 105mm f/2.8G VR IF-ED

　　自1959年F体系推出至今近五十年，尼康一直也以52mm作为定焦镜头滤镜尺寸的标准，这当然还包括在手动对焦年代一系列的微距镜头。但随着大量新型号的大光圈镜头及变焦镜头相继推出市场，较大尺寸的滤镜亦得以普及，基于较大直径的镜头对于光学表现，以及内部电子零件位置安排上皆有正面的帮助，因此尼康在自动对焦时代推出的微距镜头都订立了62mm的新标准，唯独是AF Micro-Nikkor 105mm f/2.8D仍停留在52mm的滤镜尺寸。或者你会问到统一滤镜尺寸有何好处呢？最简单直接当然是在备有两只以上微距镜头的时候，只需要带备一组特效滤镜便可以了，另外也方便用户更灵活使用各种配件，特别是微距闪光灯。

　　画质方面是大家很关心的地方，锐度比AF Micro-Nikkor 105mm f/2.8D有过之而无不及，大家也不用怀疑它超强的解像力，不过在使用最大光圈拍摄时，边缘位置会有轻微的失光情况，但只要稍收光圈，问题便可改善。说到此镜头的最大卖点，必然是配备了第二代VR防手震技术，官方表示可让用户在比安全快门慢达4级快门的情况下，仍能拍到清晰的影像，不过最重要还是创微距镜头的先河，首次为微距镜头加入防手震技术，这是尼康的首次，也是微距镜头界别的首次，最后得益自然是用户，不过五千多元的售价，也不是人人容易负担得来，作为尼康用户究竟应买旧镜AF Micro-Nikkor 105mm f/2.8D还是这只新镜，倒是个颇不容易下的决定。

▲镜身备有防手震开关，不过没有AF-S DX Zoom-Nikkor 18-200mm f/3.5-5.6G VR IF-ED的"Normal / Active"切换。

▲镜头接上安装了竖拍手柄的D200，平衡感觉极佳，不会"前重后轻"。

你要知！

首只加入SWM的微距镜头？
　　AF-S Micro-Nikkor 105mm f/2.8G VR IF-ED是全球首只拥有VR光学防震功能的微距镜头，而且更是尼康旗下首只加入宁静波动马达（SWM）的微距镜头。

▲Photo by Gary，f／7.1，1／320s，ISO 200，Auto WB，相对焦距：105mm x1.5=157.5mm，尼康 D80

解像度测试

就同一的测试方法，过往曾以D200测试过这只镜头，而在尼康 D80测试底下，镜头在f/8开始解像力明显提升，就例如中央位置高达1873LW/PH，到了f/16就开始滑落，而就最高解像度而言，f/8至f/11是个值得考虑的光圈值，所以拍摄时可多考虑这段光圈值。

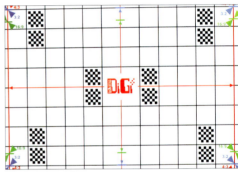

▲ Imatest 软件SFR MTF50分析结果

MTF50(corr) = 0.263 C/P　(R=2)
= 1363 LW/PH　　[2.77 mpxls ideal]

	最大光圈	f/4	f/5.6	f/8	f/11	f/16
105mm 中央	1363LW/PH (f/2.8)	1627LW/PH	1644LW/PH	1873LW/PH	1890LW/PH	1720LW/PH
边缘	1021LW/PH (f/2.8)	1241LW/PH	1387LW/PH	1602LW/PH	1735LW/PH	1608LW/PH

镜头失光测试

就失光表现，镜头在f/2.8的最大光圈拍摄下，失光情况极之轻微，平均只有1.02级失光，这可以收小光圈而进一步把失光情况改善。所以如果你本身习惯以f/8或更小光圈拍摄的话，可说是不用担心镜头的失光问题。

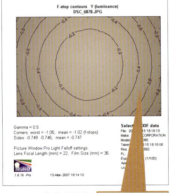

▲ Imatest 软件分析镜头在105mm于最大光圈时失光分布的情况。

变形控制

以微距定焦镜来说，一般都不会遇上很大的变形问题，虽然在此镜身上出现了桶状变形情况，但是也很轻微，一般情况都不容易察觉。

▲ 相对焦距：105mm x 1.5=157.5mm

测试后记

当这只镜头推出时，无论是在网上甚至身边的朋友，都会听到微距镜有如此大需要配备防手震技术吗？在真正拿上手测试过后，觉得尤其是在户外（例如野外）拍摄，作用很大，而且的确有不少情况是不容许使用三脚架的，而防手震功能就正好填补了这个空隙。不过这优点也成了这镜头的缺点，估计是由于有了防手震技术旁身，令这只镜头的售价变得不太平易近人，如果你觉得防手震技术不是太重要的话，必然会觉得稍嫌不够实惠，不过如果重以影像质量而衡量，这只镜头一定不会令人失望。

对于微距题材拍摄有极高要求的发烧用户，这只具备第二代VR防手震技术、宁静波动马达、1:1的放大倍率的镜头，一定是最上佳的选择。不过其五千多元的高昂售价，就不是人人所能负担得起，如果想便宜享受微距拍摄，不妨在二手市场试找旧版AF Micro-Nikkor 105mm f/2.8D的芳踪。

by Gary

合适拍摄题材
・花草　　　・昆虫　　　・商业摄影

优点
・首为微距镜加入防震技术
・对焦爽快宁静
・做工用料扎实

缺点
・体型稍大略重
・当放大倍率越大时光圈会收小
・对预算不多的人较难负担

AF-S Micro-Nikkor 105mm f/2.8G VR IF-ED

镜片结构：12组14片
对角线视角：23° 20'
最大光圈值：f/2.8
最小光圈值：f/32
光圈叶片数目：7片
最近摄影距离：0.31m
放大倍率：1X
滤镜尺寸：62mm
体积：φ83 x 116mm
重量：790g

▲采用1片ED镜

200mm f/2重现江湖
AF-S VR Nikkor 200mm f/2G IF-ED

要提到长焦距镜头，大家总会想起光圈值理应由f/2.8开始，这个概念大家一直也根深蒂固。不过当尼康在2004年推出AF-S 200mm f/2后，或许就提醒了大家f/2.8并不是长焦距镜头的极限。其实200mm f/2绝对不是什么新玩意，早在1977年时，尼康便推出了Ai版本的200mm f/2，镜头附有ED镜片及内置对焦设计，在当时来说这些功能已是相当先进。至于超大的f/2最大光圈值更是前卫的设计，至少在市场上其他的厂商仍停留在200mm f/2.8的阶段。虽然对家C厂在其后推出了200mm f/1.8镜头，不过这已是1989年的事情了，这算起来尼康还独领风骚12年。200mm f/2其后虽有两个更新版本，但整体光圈设计不变，全都为8组10片光学结构，例如第二代为Ai-S版本，而第三代则内置前滤镜以保护前组特大镜片。

第三代200mm f/2在1985年推出，生产期一直跨越AF年代，直至2005年12月才告停产。不过令人感费解的是，该只镜头一直也没有推出AF版本，而只以Ai-S充当。反观300mm f/2.8在AF及AF-S版本至今已有四只了，难道是200mm f/2需求较300mm f/2.8少？不过怎样也好，AF-S 200mm f/2也终于推出市面了。新镜头采用了新的9组13片光学设计，虽然增加镜片的使用，但最令人感惊喜的是镜头体积反而下降了，新镜体积比旧版的下降了15％，令用户更觉小巧。镜头解像力在最大光圈值f/2时已有不错的表现，当光圈收至f/5.6时，解像力更高达1820LW/PH。这个表现出色的f/2特大光圈值，对于在室内或暗黑环境拍摄运动或是演唱会拍摄都起了不少帮助。

▲ 如很多定焦长炮，镜头前方设有锁焦按钮。

▲由于前方不可能加装滤镜，所以镜头就设计成使用后插式滤镜，而滤镜尺寸为52mm。

你要知！

首度用上VR防手震的"大炮"？

　　200mm f/2是尼康首只在大光圈长焦距镜头中，使用上VR光学防震系统的镜头，而且它更是尼康首只没有光圈环（G镜）的"大炮"。

▲Photo by Gary, f/8, 1/160s, ISO 400, Auto WB, 相对焦距: 200mm x1.5=300mm, 尼康 D80

解像度测试

　　其实就D80测试的结果，大家都可看到此镜在不同光圈下，解像力都是十分不俗，中央与边缘的解像力也不会相差太远。最令人惊喜是f/2的表现，如此的焦段，加上如此的大光圈，也有超过1500LW/PH的分数，算是交足功课了。

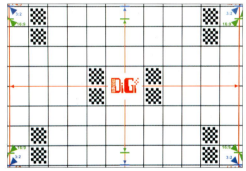

$$MTF50(corr) = 0.307 \ C/P \ (R=2)$$
$$= 1590 \ LW/PH \qquad [3.78 \ mpxls \ ideal]$$

▲Imatest软件SFR MTF50分析结果

	最大光圈 (f/2)	f/2.8	f/4	f/5.6	f/8	f/11	f/16
200mm 中央	1590LW/PH	1604LW/PH	1679LW/PH	1820LW/PH	1889LW/PH	1994LW/PH	1765LW/PH
边缘	1443LW/PH	1562LW/PH	1685LW/PH	1801LW/PH	1873LW/PH	1827LW/PH	1707LW/PH

镜头失光测试

　　不愧为顶级的大光圈远摄定焦镜，就算在f/2如此大光圈，也只有平均0.44级的失光，基本上拍摄时一定不会察觉到这些微失光误差，亦即是说不会有严重黑角问题。

▶ Imatest软件分析镜头在200mm于最大光圈时失光分布的情况。

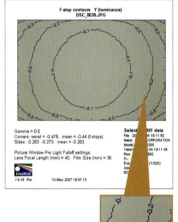

变形控制

　　镜头的变形控制极之优异，细看下也察觉不到任何桶状或枕状的变形出现，表现完美。

▲相对焦距：200mm x 1.5=300mm

测试后记

　　有时候你见到一位非常吸引的异性，可能会令你一见钟情，但是有试过对镜头产生一见钟情的情形吗？难以解释的是，当自己见到AF-S VR Nikkor 200mm f/2G IF-ED这只镜头时，的确产生了一见钟情的感觉。在远摄镜的范畴里，可能我们都看惯了f/2.8或f/4这些规格，当见到一只200mm镜头竟然有f/2光圈的，自然会分外留意，再加上有防手震功能的，就更令人眼前一亮。诚然，此镜头的解像力令人印象深刻，亦是用来打雀、拍摄演唱会的最强武器，不过最令我惊讶的，是它接近"神"的对焦速度，它的对焦速度极有可能是尼康自动对焦镜头群里，镜头对焦最快速的头三位。

　　不过它也不是完美的，沉重的镜身，手持拍摄不久就会令人觉得疲累，想拍得舒服一点的话，单脚架是必备的辅助工具。而三万多的天价，无疑令你我望而生畏，希望将来不要因为太贵而没有人买，导致如此"镜皇"面临停产吧！

by Gary

合适拍摄题材

・演唱会　　・雀鸟　　・花草

优点	缺点
・光圈值非常实用	・体型庞大沉重
・对焦神速	・对预算不多的人较难负担
・防手震效果明显	・前组镜片保护不足

AF-S VR Nikkor
200mm f/2G IF-ED

镜片结构：9组13片
对角线视角：12° 20'
最大光圈值：f/2
最小光圈值：f/22
光圈叶片数目：9片
最近摄影距离：1.9m
放大倍率：1:8.1
滤镜尺寸：后插式滤镜
体积：φ124 x 203mm
重量：2900g

▲采用1片Super ED镜及3片ED镜

Check Point

◆f/2.8超大光圈

◆用上3片ED镜片

◆重量仅4440g

"轻量" 重炮新版
AF-S Nikkor 400mm f/2.8D IF-ED II

一看到400mm f/2.8这样极端长的焦距的大光圈镜头，大家第一时间会想到什么呢？腑心自问如此昂贵的镜头，实在拥有不起！不过要是可以让我选买一只定焦长镜头，那"进可攻，退可守"的400mm f/2.8会是个人的首选。什么是"进可攻"？拥有f/2.8最大光圈值，为拍摄带来无限的弹性。再上一级的500mm就只有f/4，总有点力不从心的感觉。而"退可守"就是400mm镜头可以配合TC-20E使焦距增加至800mm，反观500mm镜头在配合TC-14E时，却只能使焦距增加至700mm，400mm f/2.8就是可以如此弹性的使用。提到尼康 400mm f/2.8，首只推出市场的自动对焦版本为1994年的AF-I版本。镜头采以7组10片的光学设计，不过由于自动对焦系统尚未成熟，镜头不单体形庞大，而重量更高达6.6公斤，真是一个"吓人"的数字。

对于摄影师来说镜头太重的话，无论是拍摄时又或是搬运期间也是一个相当沉重的负担，因此在1998年时推出的AF-S版本首要针对的目标就是把镜头轻量化。新镜头采用大量碳纤维组件，在降低重量之余亦不减镜头的坚韧度，最终成功瘦身至4.8公斤。此外镜头亦更换了全新的超声波对焦马达外，亦采用了9组11片的全新光学设计，无拟是AF-S系列内的新力军。不过对于尼康的设计师来说，4.8公斤这个数字似乎并不能满足他们的要求，因此在2001年推出了第二代的AF-S 400mm f/2.8。镜头整体体积不变，但在镜筒金属部分则转为使用镁合金制造，使重量进一步减轻。而在ED低色散镜片上也增至三片，使相片更为锐利，同时最近对焦距离也从AF-S一代的3.8m进一步拉近至3.4m（自动对焦时为3.5m）。可见现时AF-S二代在技术上已是相当的成熟，但不过始乎大家对400mm f/2.8镜头还是有一个未完的心愿，那就是VR II系统了。要是能加入VR系统，则该镜头便相当完美了！

▲镜头上有尼康终极金漆招牌，并印有镜头编号及原产地。

▲镜头采用后插式滤镜设计，滤镜尺寸为52mm。

你要知！

同级中最轻巧？

在2001年推出的AF-S Nikkor 400mm f/2.8D IF-ED II，是市场所有品牌上同级中最轻巧的重炮，由于使用镁合金镜筒及碳纤维组件，令重量仅4440g。

▲Photo by Gary，f/2.8，1/640s，ISO 400，Auto WB，相对焦距：400mm x1.5=600mm，尼康 D200

解像度测试

不愧为长炮镜皇，解像力之出色表现，实在有皇者风范。在D80的测试下，镜头在不同光圈也有至少1700LW/PH的分数，至于f/11的中央及边缘位置更分别有2104LW/PH及1928LW/PH的表现，是最高解像力的光圈。顺带一提是，就算是最大光圈的f/2.8，解像力也有上佳表现。

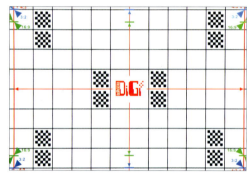

$$MTF50(corr) = 0.329 \text{ C/P} \quad (R=2)$$
$$= 1706 \text{ LW/PH} \quad [4.35 \text{ mpxls ideal}]$$

▲Imatest 软件SFR MTF50分析结果

	最大光圈 (f/2.8)	f/4	f/5.6	f/8	f/11	f/16
400mm 中央	1796LW/PH	1877LW/PH	1947LW/PH	2104LW/PH	2073LW/PH	1706LW/PH
边缘	1701LW/PH	1717LW/PH	1802LW/PH	1928LW/PH	1931LW/PH	1703LW/PH

镜头失光测试

拥有f/2.8大光圈400mm定焦镜，要做到良好失光控制是非常不容易的，不过此镜在失光表现上也是令人眼前一亮，平均只是0.613级的失光，实在是极之难得。

▶ Imatest软件分析镜头在400mm于最大光圈时失光分布的情况。

变形控制

与AF-S VR Nikkor 200mm f/2G IF-ED一样，在变形控制方面有极之优异的表现，就肉眼看来，察觉不到任何桶状或枕状的变形问题。

▲ 相对焦距：400mm x 1.5=600mm

测试后记

对于300mm或400mm这类镜头，自己虽然说不上是专家，但是在不同机会底下（因为自己很喜欢运动摄影）用过的重炮却很多，而且是不同品牌。观乎不同品牌的重炮中，与AF-S Nikkor 400mm f/2.8D IF-ED II同级的，都是沉重到不得了的镜头，如果没有一只单脚架辅助，可以大胆说，根本不可能连续拍上半小时，或者超远摄镜的"特点"就是沉重吧！个人倒觉得尼康是颇有诚意的，新版镜用上镁合金镜筒及碳纤维组件，诚然实际轻不上很多（重炮本身是沉重）可是用心改良回馈用户的这份心意，已经够尼康用户欣赏。不过如果将来再推出新版时，能够加入VR防手震就更好，毕竟在超远摄镜头上，光学防手震功能实在太重要了！

其实也不用我多费唇舌，值得买与否自在人心，原因是超远摄镜很特别，会买的人始终会买（例如运动摄影爱好者、有钱人），不会买的人根本看也不会看（例如入门用户、预算有限的人），不知道你又是属于那一类呢？

by Gary

合适拍摄题材
· 运动摄影 · 演唱会 · 雀鸟

优点
· 对焦快速
· 解像力不俗
· 光圈值非常实用

缺点
· 欠缺VR防手震功能
· 体型庞大沉重
· 对预算不多的人较难负担

AF-S Nikkor
400mm f/2.8D IF-ED II

镜片结构：9组11片
对角线视角：6° 10'
最大光圈值：f/2.8
最小光圈值：f/22
光圈叶片数目：9片
最近摄影距离：3.4m
放大倍率：1:7.7
滤镜尺寸：后插式滤镜
体积：φ 159.5 x 351.5mm
重量：4440g

▲采用3片ED镜片

Check Point

◆ 超广角18-36mm相对焦距
◆ 配备宁静波动马达
◆ 2片ED镜及3片非球面镜

原厂唯一DX超广角镜
AF-S DX Zoom-Nikkor 12-24mm f/4G IF-ED

不说大家也可能没有留意,原来Nikon AF-S DX Zoom-Nikkor 12-24mm f/4G IF-ED,是第一位DX镜头的成员。由于是一只专为Nikon APS感光元件所配置的镜头,所以如果这只超广角镜头使用在胶卷相机之上,就会有明显的黑角。早在胶卷时代,尼康已有AF-S三宝坐镇,其中尼康 AF-S Zoom-Nikkor 17-35mm f/2.8D ED-IF,如果使用在数码单反 APS-C感光元件上,就变成了中距离的镜头,尼康为了填补这段广角真空,遂推出12-24mm超广角镜。此镜当收细光圈时,解像力是副厂镜头无法比拟的,而配备的3片非球面镜片,正是用来矫正因超广角视野而带来的变形问题。不过可能因为是变焦镜,在变形方面要有良好的控制实在困难,所以此镜的变形控制也只是一般。此外,拍摄风景时不时会遇上背光情况,当镜头遇上此情况时,色散问题并不严重,相信是2片ED低色散镜片的功劳。

很多人都喜欢用上超广角镜头拍摄风景以外的题材,贪其效果够特别。例如以此镜头的12mm近距离拍摄人像时,会出现奇特的变形情况,不过如果处理得不好,就很容易弄巧成拙,把人物拍成又肥又肿,所以拍摄时需要特别注意。至于拍摄大头狗也有很好的效果,而且很有趣,虽变形然效果不及鱼眼镜头,但是也可玩上半天。此镜头用上一般超广角镜的77mm滤光镜尺寸,而另外购置UV滤镜或C-PL滤镜时,建议最好用上超薄镜片设计,否则会很容易出现黑角。不过也坦白说,其实18-36mm相对焦距这个焦段并不常用,而且售价也要约六千元才有交易,所以在个人的心目中并不是一只必需的镜头,购买时应该考虑其常用度及自己真正需要。但如果真的是对超广角的焦段需求甚殷,原厂的AF-S DX Zoom-Nikkor 12-24mm f/4G IF-ED肯定是独一无二之选。

▲镜头用上77mm尺寸滤镜。

▲接上D80后平衡感非常良好,没有头重尾轻的感觉。

你要知!

史上首只数码专用镜头?

AF-S DX Zoom-Nikkor 12-24mm f/4G IF-ED 是尼康首只专为数码单镜头反光机而推出的DX镜头,同时亦为市场上首只恒定光圈的DX超广角镜头。

▲Photo by Gary, f/10, 3s, ISO 100, Auto WB, 相对焦距: 16mm x1.5=24mm, 尼康 D200

解像度测试

概括来说，在尼康 D80测试下，镜头无论在中央与边缘位置，解像力都有上佳表现，平均约有1700LW／PH的分数，而在f／8的解像力最是出色，高达约1900LW／PH。整体上，12mm与24mm端的解像力分别不是太大，表现相差不远。

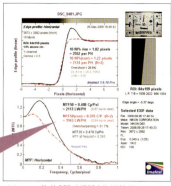

$$MTF50(corr) = 0.375\ C/P\ \ (R=2)$$
$$= 1943\ LW/PH \quad [5.64\ mpxls\ ideal]$$

▲Imatest软件SFR MTF50分析结果

		最大光圈	f／5.6	f／8	f／11	f／16
12mm	中央	1943LW／PH(f／4)	1844LW／PH	2042LW／PH	1720LW／PH	1650LW／PH
	边缘	1648LW／PH(f／4)	1674LW／PH	1845LW／PH	1682LW／PH	1621LW／PH
24mm	中央	1708LW／PH(f／4)	1755LW／PH	1911LW／PH	1780LW／PH	1701LW／PH
	边缘	1665LW／PH(f／4)	1640LW／PH	1837LW／PH	1649LW／PH	1640LW／PH

镜头失光测试

毕竟12-24mm f／4是一只超广角镜头，相信很多人都非常关心它的失光表现。在D80测试下，镜头在12mm端的最大光圈拍摄时，平均只有1.47级的失光，失光情况尚可接受；至于24mm端下，镜头在最大光圈下就只是录得平均0.861级的失光，以超广角镜而言实在难得。

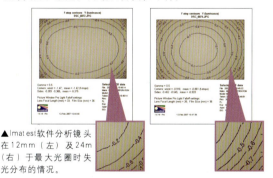

▲Imatest软件分析镜头在12mm（左）及24m（右）于最大光圈时失光分布的情况。

变形控制

12-24mm f／4如此超广角焦距，变形控制只是一般，在12mm端可看到明显的桶状变形情况，直至18mm端左右桶状变形问题才大幅减少，到了24mm最远摄端后，镜头只有轻微的桶状变形情况。

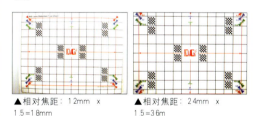

▲相对焦距：12mm x 1.5＝18mm　　▲相对焦距：24mm x 1.5＝36m

合适拍摄题材
・风景　　・抓拍　　・个性化构图

优点
・画质不俗
・色散控制有上佳表现
・对焦宁静快速

缺点
・变形控制一般
・定价稍高

测试后记

无可否认，AF-S DX Zoom-Nikkor 12-24mm f／4G IF-ED暂时是尼康 数码单反上，唯一可选择的"真正超广角"镜头，可享受"真正"18mm的视觉拍摄，亦可能是尼康风景摄影爱好者最梦寐以求的神兵利器。由于如此罕有，所以售价也一直高企，而约六千元的售价，已经令很多人望而却步。不过一分钱一分货，此镜的影像质量却非常优良，色散控制不俗，解像力不俗，镜头外形也不俗，就这样种种加起来，似乎又值回票价，令你即刻拥有。

不过就个人立场上，由于镜头只覆盖18-36mm，如果不是真的很常用这个超广角焦段的，购入此的镜头后的常用性，肯定并非想像中大。可是六千多的定价，在面对大量副厂类近镜头引诱下，如果你弹药不够，可能未必能令你能即时下决心带它回家而另作它选。

by Jungle

AF-S DX Zoom-Nikkor 12-24mm f/4G IF-ED

镜头设计：DX格式
镜片结构：7组11片
对角线视角：99° −61°
最大光圈值：f／4
最小光圈值：f／22
光圈叶片数目：7片
最近摄影距离：0.3m
放大倍率：1:8.3
滤镜尺寸：77mm
体积：φ82.5 x 90mm
重量：465g

▲采用2片ED镜及3片非球面镜

一代超广角镜皇
AF-S Zoom-Nikkor 17-35mm f/2.8D IF-ED

　　面对其他厂方不断为旗下的单反系统推出由17mm起跳的变焦镜头，尼康终在1999年9月推出内置宁静波动马达的AF-S Zoom-Nikkor 17-35mm f/2.8D IF-ED，连同当时已经问时的"小黑四"（AF-S Zoom Nikkor 80-200mm f/2.8D IF-ED）及AF-S 28-70mm f/2.8D，合组最强的AF-S三宝，成为尼康在胶卷时代最强的超广角变焦镜头。AF-S 17-35mm的做工不错，镜身采用金属雾面设计，手感相当良好，在镜片组合方面，这只镜皇采用10组13片的光学结构，当中包括了两片ED镜片及两款合共三片（两片玻璃模造和一片混合式镜片）的非球面镜片，可分别减少色散及抑制影像变形等像差问题，用料十分充足。画质方面，AF-S 17-35mm中央部分成像的锐度相当高，不过在f/2.8全开光圈下，边缘的表现则较为松散，要收至f/8光圈左右，边缘位置的成像即会达致巅峰状态，而17mm广角端的表现亦稍逊于35mm端。

　　操控上，AF-S 17-35mm采用固定镜长及内变焦设计，最近对焦距离只为28cm，放大倍率也是个俗，而且备有9片圆形光圈叶片，焦外散景效果优美，加上本身高反差及高锐利度的表现，确实教不少尼康用户爱不惜手。与此同时，由于此镜采用SWM设计，只要将镜筒上的对焦模式切换开关设定在M/A模式下，亦可在AF自动对焦模式下使用手动对焦。当然，f/2.8大光圈镜皇是要付出代价的，惊力元的售价令尼康在AF-S 17-35mm面世后的第二年（即2000年），推出另一只光圈较小的超广角变焦镜头——AF-S Zoom-Nikkor 18-35mm f/3.5-4.5D IF-ED，作为超广角市场的第二梯队，唯AF-S 18-35mm密封性及最近对焦距离较差，否则以其只有1/3只镜皇的价钱，相信可以威胁到AF-S 17-35mm的地位呢！

▲由于不是DX设计，所以镜头设有光圈环，可数码及胶卷相机两用。

▲贵为"AF-S三宝"，镜皇的"份量"可真不可少看，接在D80身上有头重尾轻的感觉。

你要知！

开ED低色散镜片的先例！
　　该镜是三只AF-S f/2.8变焦镜头中最迟来的一只，在1999年6月才正式推出市面。不过它却是尼康首只超广角镜头，拥有ED低色散镜片的镜头。

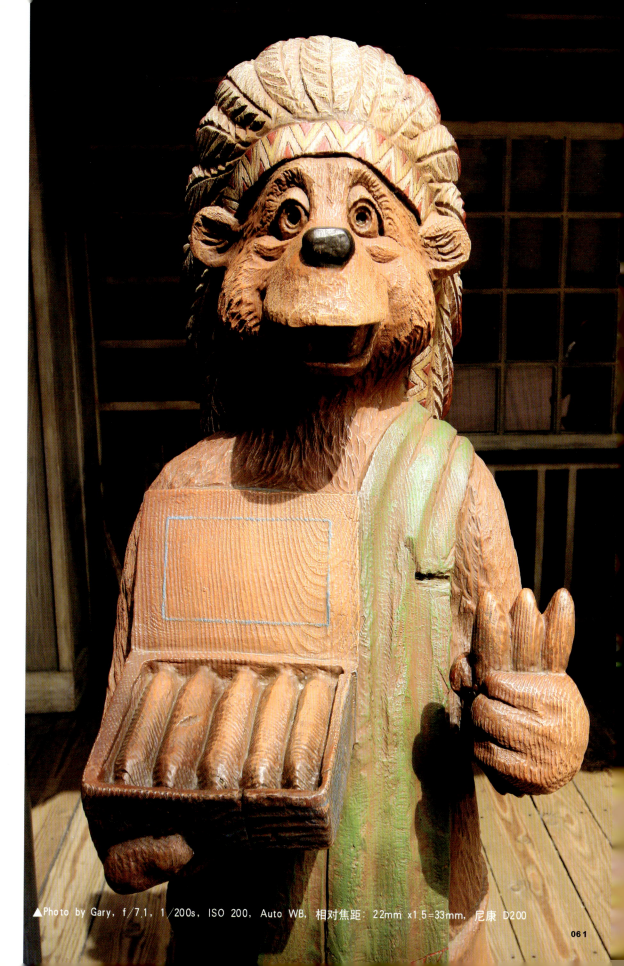

▲Photo by Gary，f/7.1，1/200s，ISO 200，Auto WB，相对焦距：22mm x1.5=33mm，尼康 D200

解像度测试

就解像力表现上，17-35mm f/2.8不失"AF-S三宝"之名，解像力超群，尤其是f/8-f/11的解像力，在35mm端下的f/11，中央与边缘更达2106LW/PH及1969LW/PH的分数。总观来说，镜头的解像力无可置疑，不过35mm端比17mm端的解像力稍高一点。

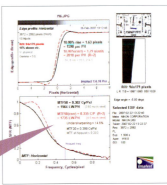

MTF50(corr) = 0.335 C/P (R=2)
= 1735 LW/PH   [4.5 mpxls ideal]

▲Imatest软件SFR MTF50分析结果

		最大光圈 (f/2.8)	f/4	f/5.6	f/8	f/11	f/16
17mm	中央	1510LW/PH	1670LW/PH	1870LW/PH	1940LW/PH	1952LW/PH	1708LW/PH
	边缘	1507LW/PH	1590LW/PH	1763LW/PH	1811LW/PH	1785LW/PH	1653LW/PH
35mm	中央	1728LW/PH	1776LW/PH	1867LW/PH	2011LW/PH	2106LW/PH	1735LW/PH
	边缘	1486LW/PH	1540LW/PH	1685LW/PH	1977LW/PH	1969LW/PH	1555LW/PH

镜头失光测试

如果要挑剔此镜头较逊色的地方，失光表现可能是其一。例如在17mm最广角端下，就有0.919级失光，以镜皇的标准来说，用户可能未必完全满意。至于35mm最远摄端下，就录得0.787级失光，比广角端轻微。

▲Imatest软件分析镜头在17mm（左）及35mm（右）于最大光圈时失光分布的情况。

变形控制

在相对焦距25.5mm至52.5mm的范围下，最广角端的25.5mm出现明显的桶状变形情况，不过到了52.5mm最远摄端后，桶状变形问题就大为改善。

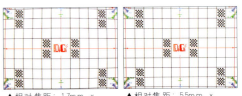

▲相对焦距：17mm x 1.5=25.5mm

▲相对焦距：55mm x 1.5=52.5mm

测试后记

数码镜头的出现，总是有人跟它与"传统镜"作出比较，尤其在显示器上以1:1形式观看，部分用户觉得在胶卷时代设计（其实尼康在90年代早已着迹在数码单反市场了）的镜头不太适应数码单反，镜头的锐度总是"新不如旧"似的。另一方面，受制于尼康的DX格式标准，昔日的镜皇在数码单反上只换来25.5-52.5mm的"标准焦段"，焦距上相对DX 17-55mm f/2.8数码专用镜头，望远能力较为薄弱。如果阁下仍然是尼康胶卷机的支持者，为了顾及旧款相机，17-35mm无疑是较佳的入手选择。

至于如打算追求相等于AF-S 17-35mm传统超广角口味又应如何抉择呢？AF-S DX Zoom-Nikkor 12-24mm f/4G IF-ED可以补偿数码单反在广角端的不足，尽管没有前者的大光圈，不过当考虑到超广角镜多是用来拍摄风景或抓拍的话，那一级光圈的分别也不是十分严重的。

by Stephen

合适拍摄题材
· 风景　　　· 抓拍　　　· 人像

优点
· 解像力出色
· 对焦宁静极速
· 镜身手感相当扎实

缺点
· 镜头沉重庞大
· 对预算不多的人较难负担
· 最广角端桶状变形明显

AF-S Zoom-Nikkor 17-35mm f/2.8D IF-ED

镜片结构：10组13片
对角线视角：104° −62°
最大光圈值：f/2.8
最小光圈值：f/22
光圈叶片数目：9片
最近摄影距离：0.28m
放大倍率：1:4.6
滤镜尺寸：77mm
体积：φ82.5 x 106mm
重量：745g

▲采用2片ED镜及3片非球面镜

DX系列至尊皇者
AF-S DX Zoom-Nikkor 17-55mm f/2.8G IF-ED

佳能的数码专用镜头群中，有非常出名的EF-S 17-55mm f/2.8 IS USM，尼康这一边就有金圈皇牌AF-S DX Zoom-Nikkor 17-55mm f/2.8G IF-ED。论排场，这两只镜头都旗鼓相当，所以这只镜头，已经成为了一众尼康用户眼中的"神台级"镜头之一。实在一个DX的金圈招牌，在虚荣感一环上，已经令这只镜头完全跑出，想即时把它带回家。不过更实在的，这只镜头的焦距实用之极，在焦距转换之后成为了25.5-82.5mm，正正是大家最常用到的标准焦段，可兼顾广角及远摄的拍摄需要。镜头还有恒定f/2.8大光圈，无论是要拍摄散景人像，或是要应付低光度的拍摄环境，实用性极高。

不愧为DX镜皇，镜头上配备的镜片可真不能看小，3片ED镜及3片非球面镜的"重量级"配备，也令AF-S DX Zoom-Nikkor 17-55mm f/2.8G IF-ED拍出锐利无比的影像，诚然在后面的测试结果上，也深深感受到其厉害无比的解像力。镜头配备了SMW宁静波动马达技术，而且镜头是采用内对焦（IF）设计，对焦快夹宁静，只要望着取景器按下快门，已可明显感受到此镜与一般DX镜头的高低分野。虽然AF-S DX Zoom-Nikkor 17-55mm f/2.8G IF-ED拥有神级的配备，但是它也不是完全天下无敌的。例如此镜是DX镜头系列中，价钱最贵的一只，几可追上"AF-S三宝"的身价。其次是镜头较重，755g的重量，比起一部D80还要重，实在不人人负担得起。此外不得不得的，就是变焦环太紧，不够顺手，亦是一直为用户所诟病的问题。

▲ 镜头有防水胶边的设计，防水滴性能大增。

▲ 如很多广角中段变焦镜一样，镜头在变焦时有镜筒伸长的情况。

你要知!

防雨水胶边始祖？

AF-S DX Zoom-Nikkor 17-55mm f/2.8G IF-ED是尼康在03年推出的三只DX镜头中，扮演最重要的一员。因为从此镜开始，尼康便在所有拥有金属卡口的镜头末端加上防雨水胶边，以确保雨水不易渗入反光镜箱。

▲Photo by Gary，f/10，1/125s，ISO 200，Auto WB，相对焦距 55mm ×1.5=82.5mm，尼康 D200

解像度测试

对于一只镜皇来说，大家对它的解像力自己充满期待。在D80测试下，镜头的解像力不俗，虽未致顶级表现，但是最佳的f/8，中央与边缘位置也有分别约平均2000LW/PH及1800LW/PH的分数。至于焦距方面，35mm左右的焦距，是镜头解像力发挥比较出色的焦距，不妨多加利用。

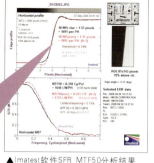

$$MTF50(corr) = 0.331 \ C/P \ (R=2)$$
$$= 1715 \ LW/PH \quad [4.4 \ mpxls \ ideal]$$

▲Imatest软件SFR MTF50分析结果

		最大光圈	f/4	f/5.6	f/8	f/11	f/16
17mm	中央	1568LW/PH(f/2.8)	1635LW/PH	1876LW/PH	2027LW/PH	1638LW/PH	1642LW/PH
	边缘	1502LW/PH(f/2.8)	1362LW/PH	1745LW/PH	1833LW/PH	1547LW/PH	1510LW/PH
35mm	中央	1715LW/PH(f/2.8)	1875LW/PH	1824LW/PH	2182LW/PH	1634LW/PH	1611LW/PH
	边缘	1476LW/PH(f/2.8)	1642LW/PH	1696LW/PH	1985LW/PH	1411LW/PH	1577LW/PH
55mm	中央	1627LW/PH(f/2.8)	1740LW/PH	1767LW/PH	1944LW/PH	1601LW/PH	1622LW/PH
	边缘	1486LW/PH(f/2.8)	1711LW/PH	1709LW/PH	1786LW/PH	1526LW/PH	1498LW/PH

镜头失光测试

在D80测试下，镜头无论在最广角17mm端及最远摄的55mm端，在f/2.8下失光情况是显而易见。例如17mm及55mm焦距分别有1.59级及1.11级失光，不过只要把光圈稍收一级，情况就可明显改善。

▲Imates软件分析镜头在17mm（左）及55m（右）于最大光圈时失光分布的情况。

变形控制

在相对焦距25.5mm至82.5mm的范围下，25.5mm端有明显的桶状变形的情况，拍摄时能清晰察觉，至于最远摄的82.5mm端，也有轻微程度的枕状变形。

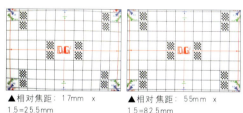

▲相对焦距：17mm x 1.5=25.5mm

▲相对焦距：55mm x 1.5=82.5mm

测试后记

坦白说，17-55mm这只镜头在很多方面的表现，都是很令人满意，不过如果说到是"镜皇"，个人总觉得还是好像欠了什么似的。就使用的经验，此镜头的解像力始终不及"AF-S三宝"的AF-S Zoom-Nikkor 28-70mm f/2.8G IF-ED，尤其是f/2.8下，其差别就更明显。另外，如果此镜可以好像同样是数码专用的EF-S 17-55mm f/2.8 IS USM一样，也有防手震武器，感觉自然更完满，希望几年后如果推出更新版的话，也考虑一下这个用户愿望。

话虽如此，究竟应不应花费近万元的价格去买入这只镜头？这实在是非常易答的问题，因为买不买这只镜头，多少是视乎你买不买得起，而不是值不值得买的问题。因为如果你有这个钱的话，那实在找不到买其他选择的理由，也不见有比此镜的更好的选择。至于此镜的缺点，其实也只是为了说明，这个世界没有完美的东西，它当然不是完美，但却是最好的，这样已经足够了。

by Saya

合适拍摄题材

· 风景　　　· 人像　　　· 抓拍

优点	缺点
· 解像力出色	· 镜头庞大沉重
· 对焦宁静快速	· 失光控制一般
· 外形威猛	· 对预算不多的人难负担

AF-S DX Zoom-Nikkor 17-55mm f/2.8G IF-ED

镜头设计：DX格式
镜片结构：10组14片
对角线视角：79° -28° 50'
最大光圈值：f/2.8
最小光圈值：f/22
光圈叶片数目：9片
最近摄影距离：0.36m
放大倍率：1:5
滤镜尺寸：77mm
体积：φ85.5 x 110.5mm
重量：755g

▲采用3片ED镜及3片非球面镜

尼康首只入门超广角变焦镜
AF Zoom-Nikkor 18-35mm f/3.5-4.5D IF-ED

以光学工厂出身的尼康，无论是生产相机，又或是在生产镜头上，都是给人一种慢工出细货的感觉。虽然新式的镜头大多数也是由对手率先推出，然而尼康所推出的镜头，其质量之高总叫人等待，超广角变焦镜头就是最佳的例子。在1993年，尼康推出了其首只超广角变焦镜头AF Zoom-Nikkor 20-35mm f/2.8D，镜头在解像力以至变制控制上均有极佳的表现，因而广受用户爱戴；及至1999年，尼康扩展了新的焦距视野AF-S Zoom-Nikkor 17-35mm f/2.8D IF-ED，除了加入宁静波动马达外，还使用有ED低色散镜片。不过在当时广角镜头仍是"有钱人"的专利，两只也是上万元的镜皇。直至2000年，AF Zoom-Nikkor 18-35mm f/3.5-4.5D IF-ED终于推出市面，普通尼康用户终于可以感受到超广角变焦镜头的慑人威力。

▲镜身附有手头光圈环设计，可以在胶卷与数码单镜上使用。

AF 18-35mm虽然只以三千多元的身价面世，但在影友间却竖立出一个不错的口碑。除了不如AF-S 17-35mm拥有较扎实的金属外壳及大光圈外，在解像力及变形控制上均有不错的表现，因此很多影友都会选取性价比较高的AF 18-35mm。而进入数码年代后，AF 18-35mm仍是一只受欢迎的镜头，不过唯一令人感到不安的就是镜头在配合数码相机使用时，在光暗对比强的位置均发现有颇严重的紫边。而反观AF-S 17-35mm却没有此问题，似乎一分钱一分货正是千古不变的道理。但话说回来，只以AF-S 17-35mm三分之一的价钱买到一只焦距相约，解像力还可的镜头，相信紫边问题也要体谅一下了。

▲在接上D80后，平衡感相当好，而且手感扎实。

你要知!

入门镜头加入ED镜片的先例？

以往尼康的镜头，一般只会在较高级的或长焦距镜头上使用上ED低色散镜片，不过AF Zoom-Nikkor 18-35mm f/3.5-4.5D IF-ED却开拓了入门广角镜头也备有ED镜片的先例。

▲Photo by Gary, f/8, 1/50s, ISO 200, Auto WB, 相对焦距: 22mm x1.5=33mm, 尼康 D2Xs

解像度测试

整体上镜头的解像力表现还可，而且以最广角端表现较最远摄端为佳。表现景好的是f/8光圈，在18mm焦距下，镜头中央位置录得1853LW/PH的分数。不过镜头的中央与边缘位置的解像力相差颇大，收小光圈后也没有太大改善，拍摄设定时要多加留意。

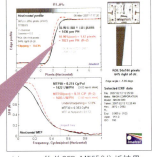

$$MTF50(corr) = 0.31 \; C/P \; (R=2)$$
$$= 1605 \; LW/PH \quad [3.85 \; mpxls \; ideal]$$

▲Imatest软件SFR MTF50分析结果

		最大光圈	f/4	f/5.6	f/8	f/11	f/16
18mm	中央	1573LW/PH (f/3.5)	1614LW/PH	1670LW/PH	1853LW/PH	1811LW/PH	1620LW/PH
	边缘	1322LW/PH (f/3.5)	1436LW/PH	1513LW/PH	1688LW/PH	1605LW/PH	1537LW/PH
35mm	中央	1498LW/PH (f/4.5)		1689LW/PH	1841LW/PH	1758LW/PH	1601LW/PH
	边缘	1367LW/PH (f/4.5)		1570LW/PH	1616LW/PH	1624LW/PH	1513LW/PH

镜头失光测试

在最广角端的18mm下，镜头的失光情况明显，平均有1.36级失光，而在35mm最远摄端，镜头的失光问题大幅改善，只录得平均0.628级失光。

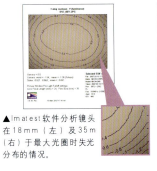

▲Imatest软件分析镜头在18mm（左）及35m（右）于最大光圈时失光分布的情况。

变形控制

在相对焦距27mm至52.5mm的拍摄范围下，27mm焦距的桶状变形十分明显，不过到了52.5mm焦距就只有极轻微的枕状变形，拍摄时可能要迁就一下，尽量避免以最广角端拍摄人像。

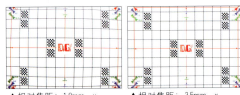

▲相对焦距：18mm x 1.5=27mm

▲相对焦距：35mm x 1.5=52.5mm

测试后记

在还是胶卷机大行其道的年代，AF Zoom-Nikkor 18-35mm f/3.5-4.5D IF-ED的确是一只颇受欢迎的入门镜头，原因是价钱相宜，而且镜片用料十足（加入ED镜片），就入门者或预算不多的人士来说，尤疑是一只很吸引的超广角变焦镜头。不过到了数码年代，个人觉得此镜在历史舞台上的使命，似乎也接近尾声。原因是面对DX镜头的"竞争"，大量广角变焦镜的涌现，数码单反用户实在多了很多选择，而18-55mm、18-70mm甚或18-135mm这几只DX镜头，在焦距上明显比18-35mm实用，更致命一点，售价上也更便宜，性价比更高。

那么，是不是18-35mm应该要踏出历史舞台？对于旧有的胶卷用户来说，它仍然是一只相当有价值的镜头，再加上尼康发表全画幅数码单反，它更不可以就此停产。

by Gary

合适拍摄题材
- 风景
- 人像
- 抓拍

优点
- 镜身轻巧
- 对焦快速
- 手感扎实

缺点
- 解像力一般
- 18mm变形控制一般
- 失光情况明显

AF Zoom-Nikkor 18-35mm f/3.5-4.5D IF-ED

镜片结构：8组11片
对角线视角：100° ~62°
最大光圈值：f3.5~f/4.5
最小光圈值：f/22
光圈叶片数目：7片
最近摄影距离：0.33m
放大倍率：1:6.7
滤镜尺寸：77mm
体积：φ82.5 x 82.5mm
重量：370g

▲采用1片ED镜及1片非球面镜

Check Point

◆ 配备小型宁静波动马达
◆ 1片ED镜及1片非球面镜
◆ 仅重205 g

入门轻巧二代
AF-S DX Zoom-Nikkor 18-55mm f/3.5-5.6G ED II

　　AF-S DX Zoom-Nikkor 18-55mm f/3.5-5.6G ED II推出至第二代，是最新尼康 D40X的常规套装镜头，说到底，这只也不过是套装镜头，实际也不过几百元的售价，到底真正实力如何呢？相比第一代镜（即D50的套装镜头），这只新镜头做出大幅度改良，首先解像力表现仍然是镜头的卖点，翻查测试记录，在尼康 D50的第一代套装镜解像测试，如以光圈f/8的18mm焦距比较中央位置，得分就有1600LW/PH，而来到尼康 D40的第二代镜头更超过1700LW/PH的分数，套装镜有如此质量实属难得。可能是为了更轻便的关系，镜头只用上塑胶卡口，缺少了金属卡口始终给人够耐用，而且镜头手感也只是一般，放在手里不禁说 "轻飘飘" 的，幸好是镜身还有尼康的金漆招牌，已经是信心保证，而且我们种种的测试结果亦显示 "轻未必等于差"。

▲拿起镜头时，明显感觉到第二代镜比第一代镜头肥胖一点，但镜身依然轻巧。

　　不过论到实用与否，AF-S DX Zoom-Nikkor 18-55mm f/3.5-5.6G ED II最大光圈只有f/3.5，而且要在广角端18mm才能使用，至于到了55mm远摄端，最大光圈也只得f/5.6，光圈是否够用真的见仁见智。不过这只镜头的优胜处在于配备宁静波动马达，对焦时尚算安静，反而对焦速度仅属一般。测试时特别配在尼康 D80、D200等不同级别相机身上拍摄，镜头完全能发挥它扎实的成像威力，而且在阳光下紫边不算明显，以几百元身价来说绝对可以接受。总括来说，大家已可预计到未来的一、两年，超入门数码单反会继续发光发热，一只影像高质、轻巧的套装镜是绝对有需要的，而尼康这只第二代镜正好完全满足市场上的需求，对于入门尼康用户肯定是喜讯吧!

▲较可惜是镜头只用上塑胶卡口，耐用性相对金属卡口低。

你要知!

比上代更纤细？
　　为配合轻巧的D40而推出的新型镜头，与前代相比光学结构基本保持不变。而两者最大分别在于二代尽可能缩减镜筒直径，令外型更加纤细。

▲Photo by Gary, f/13, 1/100s, ISO 200, Auto WB, 相对焦距: 42mm x1.5=63mm, 尼康 D200

解像度测试

概括来说，在尼康 D80测试下，很难完全统一说那个光圈表现一定最好，但整体来说，由f/8开始中央与边缘位置表现较好及较平均，不过55mm端表现较为逊色，而且最高也只有约1500LW/PH的分数。尽管如此，镜头的整体表现实属不俗，以一只套装镜标准来说更是超值。

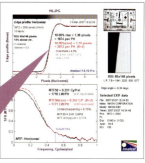

$$MTF50(corr) = 0.342 \ C/P \ (R=2)$$
$$= 1771 \ LW/PH \quad [4.68 \ mpxls \ ideal]$$

▲Imatest软件SFR MTF50分析结果

		最大光圈	f/4	f/5.6	f/8	f/11	f/16
18mm	中央	1803LW/PH (f/3.5)	1770LW/PH	1670LW/PH	1709LW/PH	1771LW/PH	1794LW/PH
	边缘	790LW/PH (f/3.5)	902.9LW/PH	1096LW/PH	1375LW/PH	1479LW/PH	1631LW/PH
35mm	中央	1782LW/PH (f/4.8)		1728LW/PH	1696LW/PH	1639LW/PH	1657LW/PH
	边缘	1509LW/PH (f/4.8)		1577LW/PH	1570LW/PH	1578LW/PH	1504LW/PH
55mm	中央	1157LW/PH (f/5.6)			1417LW/PH	1528LW/PH	1578LW/PH
	边缘	835LW/PH (f/5.6)			1334LW/PH	1356LW/PH	1420LW/PH

镜头失光测试

论失光表现，镜头在最大光圈拍摄下，最广端的失光情况颇为严重，平均有2.95级的失光，幸好是一般拍摄时不太容易察觉。至于55mm最远摄端就只有0.774级的失光，实在是十分轻微，对于很在意四角失光问题的用户，相信会感到满意。

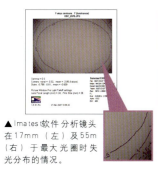

▲Imatest软件分析镜头在17mm（左）及55m（右）于最大光圈时失光分布的情况。

变形控制

在相对焦距27mm至82.5mm的范围下，在两端焦距也出现桶状变形的情况，相比较下27mm端的变形情况比82.5mm端严重，而82.5mm端实际只有轻微的变形。

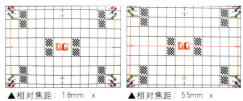

▲相对焦距：18mm x 1.5=27mm

▲相对焦距：55mm x 1.5=82.5mm

测试后记

有一点颇有趣的，不知道大家可有发现，无论是尼康、佳能或宾得也好，为旗下入门数码单反配搭的几百元的套装镜，全部都是18-55mm这个焦距，而且不谋而合地，三只镜头的最大光圈值都是f/3.5-f/5.6的！当然我不认为三者都是出自同一厂的手笔，又或是OEM制的，只不过是纯粹感到好奇而已。不过比较过这三只套装镜，虽然手感上尼康这只及不及宾得好，但画质可是不能小看，几可同厂的18-70mm及18-135mm媲美。

说回AF-S DX Zoom-Nikkor 18-55mm f/3.5-5.6G ED II这只镜头的定位，大家都知道它是开宗明义的套装镜，也不过是几百元的「货仔」，心态上应该不会太苛求，也可能是因为这样的关系，这只镜头出乎意料的上佳表现，反而令大家有不少惊喜。就如自己一样，在很多地方例如朋友口中、网上也听到这只镜头颇为锐利（以套装镜标准来说），起初仍不以为然，但当实际使用时，又发现所言非虚。如此轻巧的身躯，又有不俗的画质，在配合细小的相机下随身拍，又是另一种层次的享受。

by Gary

合适拍摄题材

· 风景　　· 抓拍　　· 人像

优点
· 画质不俗
· 镜身非常轻巧
· 对焦宁静

缺点
· 手感一般
· 对焦稍嫌缓慢
· 塑胶卡口耐用度不足

AF-S DX Zoom-Nikkor 18-55mm f/3.5-5.6G ED II

镜头设计：DX格式
镜片结构：5组7片
对角线视角：76°－28°50′
最大光圈值：f/3.5-f/5.6
最小光圈值：f/22-f/38
光圈叶片数目：7片
最近摄影距离：0.28m
放大倍率：1:3.2
滤镜尺寸：52mm
体积：φ74 x 70.5mm
重量：205g

▲采用1片ED镜及1片非球面镜

表现远超预期
AF-S DX Zoom-Nikkor 18-70mm f/3.5-4.5G IF-ED

这只作为D70及D70s的套装镜，未实试过的用户多少会给这"套装"字看扁它的实力，以为套装镜头跟高质量不能相提并论，不过自己身为它主人，却有不同的想法。AF-S DX Zoom-Nikkor 18-70mm f/3.5-4.5G IF-ED是尼康 DX系列首只广角中段焦距镜头，造工细致，由13组15片的光学镜片组合而成，当中更包括了3片ED镜片及1片非球面镜片，复杂的镜片结构提升了影像锐度及对比度，亦减少成像色散情况。在数码单反上经焦距换算后，即变成一只实际27-105mm焦距镜头，由广角至远摄也可一镜包办，对于外拍时不想镜头塞满袋的用户，少了沉重的器材负担，拍摄时也份外轻松，其极高的实用性已可满足你不同的拍摄题材需要。

除了复杂的镜片结构，广角中段焦距镜头也有不少诱人之处，例如在镜身减省了为手动相机而设的光圈环，大大减低制造成本，受惠的当然是用户，此亦令镜身更见清爽，所以镜头也只有390g的重量，携带外出拍摄更见方便。镜头采用内对焦设计，比较外对焦镜头对焦速度更快，对焦时外镜筒不会转动，不影响使用偏光镜的用户，免去每次对焦后就得重新调整偏光镜位置的麻烦。再配合宁静波动马达，对焦快且静，种种规格看来也不难明白这镜头甚得数码单反新手欢心。不过实话实说，这只18-70mm的解像表现也不属"神台级"的级数，与同为DX镜的17-55mm f/2.8有一段小距离，而且在最广角端的变形控制只是一般。对要求高的用户来说，这只镜头肯定不是长远之选，但是如果不想负担太重且有平均质量的话，它肯定是买了又不会后悔的镜头。

▲由于镜头在变焦时会伸长，令镜头入尘的机会大增。

▲或许想不到的是，镜头原来是日本制造。

你要知！

D70随身武器?

该镜头与尼康 D70同日发售，是当时最经济实惠的DX镜头，亦舒解了当年没有入门级广角至中段变焦镜头之苦。

▲Photo by Gary，f／5.6，1／80s，ISO 800，Auto WB，相对焦距：70mm x1.5=105mm，尼康 D200

解像度测试

概括来说，在尼康 D00测试下，镜头的中央位置有意想不到的高解像力，例如在18mm的f/8中央位置录得2050LW/PH的分数，只是边缘位置的得分较低，亦由此可见中央与边缘位置的解像力有明显的差距。

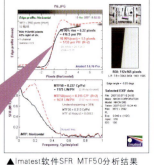

$$MTF50(corr) = 0.315 \text{ C/P} \quad (R=2)$$
$$= 1631 \text{ LW/PH} \quad [3.97 \text{ mpxls ideal}]$$

▲Imatest软件SFR MTF50分析结果

		最大光圈	f/4	f/5.6	f/8	f/11	f/16
18mm	中央	1674LW/PH(f/3.5)	1939LW/PH	2023LW/PH	2050LW/PH	1766LW/PH	1697LW/PH
	边缘	1487LW/PH(f/3.5)	1672LW/PH	1681LW/PH	1638LW/PH	1548LW/PH	1523LW/PH
55mm	中央	1957LW/PH(f/4.5)		1924LW/PH	1930LW/PH	1664LW/PH	1631LW/PH
	边缘	1453LW/PH(f/4.5)		1780LW/PH	1416LW/PH	1403LW/PH	1485LW/PH
70mm	中央	2053LW/PH(f/4.5)		1987LW/PH	1922LW/PH	1631LW/PH	1620LW/PH
	边缘	1767LW/PH(f/4.5)		1364LW/PH	1635LW/PH	1419LW/PH	1488LW/PH

镜头失光测试

就失光表现，镜头在最大光圈下，有非常明显的失光情况，例如18mm及70mm端分别平均有2.25级及1.72级的失光，失光控制上是令人较失望的地方。

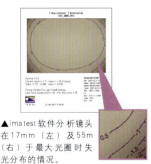 

▲Imatest软件分析镜头在17mm（左）及55m（右）于最大光圈时失光分布的情况。

变形控制

在相对焦距27mm至105mm的范围下，在27mm最广角端出现非常明显的桶状变形问题，单凭肉眼也可清晰看到变形状况。至于105mm最远摄端，镜头的变形控制相当优良，几乎完全没有任何变形问题。

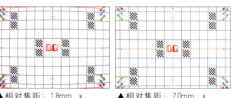

▲相对焦距：18mm x 1.5＝27mm

▲相对焦距：70mm x 1.5＝105mm

测试后记

用过这只镜头的用户，都会大赞这个焦段实在太好用，由广角风景至大头人像也没有问题，而且价钱又确实大众化，不到二千元就有交易，就算不是连套装套买入，单是镜头入手也不会肉痛，总好过买镜头后常嫌焦距不够远，到头来要多入手一只额外长焦镜，计起来绝不划算。AF-S DX Zoom-Nikkor 18-55mm f/3.5-5.6G ED II便是一个好例子，先不讲其实力是否胜过18-70mm，就焦距而言，实际最远可拍摄焦距只有82.5mm，这对摄影创作绝对是一个障碍。而且18-70mm身型短小，长度不过是75.5mm，用于套装数码单反的D80及D70s时平衡感极佳。

不过此镜可能由于只有1片非球面镜片，所以变形情况也甚为明显，例如广角端的桶状变形及远摄端的枕状变形，用户拍摄时要稍加注意。不过乐观一点看，对于喜欢创意摄影的玩家，些许的变形可能更能激发思考创作空间，这变形问题缺憾似乎可当作优点看吧！

by Carrie

合适拍摄题材

· 风景　　· 人像　　· 抓拍

优点	缺点
· 镜头中央位置解像力高	· 失光严重
· 镜身轻巧	· 最广角端有明显桶状变形
· 对焦快速	· 镜头入尘情况明显

AF-S DX Zoom-Nikkor 18-70mm f/3.5-4.5G IF-ED

镜头设计： DX格式
镜片结构： 13组15片
对角线视角： 76°－22°50'
最大光圈值： f/3.5-f/4.5
最小光圈值： f/22-f/29
光圈叶片数目： 7片
最近摄影距离： 0.38m
放大倍率： 1:6.2
滤镜尺寸： 67mm
体积： φ73 x 75.5mm

▲采用3片 ED镜及1片非球面镜

平价一机一镜之选
AF-S DX Zoom-Nikkor 18-135mm f/3.5-5.6G IF-ED

尼康在DX镜头的层面上显得相当积极，单从每一部新的数码单镜头反光机也配备一只全新的套装镜头已略知一二，例如随D80所推出的便是有高达7.5倍变焦能力的18-135mm镜头，而且是尼康旗下第十只DX片幅数码镜头，它的出现无疑就是缔造一只18-200mm VR的"廉价版"。既然称得上廉价版，在功能上当然会被扣减吧！首当其冲便是取消了VR光学防手震系统，而在镜头结构方面却只有1片ED低色散镜片及2片非球面镜片，同时间镜头的对焦刻度亦被取消，就连镜头卡口也变成了塑胶制造。在一系列大幅减低成本的工序下，18-135mm的价钱只是18-200mm的四成左右。不过"一钱一分货"的道理并没有错，镜头的成像表现也只属一般，大家可从后面的测试中可感受得到。

虽然有很多功能也无法在18-135mm身上体验得到，但值得令人高兴的是宁静波动马达（SWM）依然是"坐上客"，而且对焦表现也是相当敏锐快速，绝不逊于其他富贵金环镜头，尼康在宁静波动马达上有相当成熟的经验。值得一提的是，该只18-135mm镜头配备有在自动对焦时拥有全时手动对焦的功能，不过在镜身的自动对焦切换键中，自动对焦一个选项却以"A"，而非过往使用的"M／A"作显示。若然不是亲手把玩过，也可能误解了这只镜头，以为不支持全时手动对焦的功能。虽然18-135mm拥有7.5倍光学变焦，不过由于用料一般，成像也不是十分理想，这反而令很多人考虑同厂的18-70mm套装镜，无论在卡口用料、成像表现及外观上，18-70mm都较胜人一筹。至于所欠缺的长焦距部分，可选择与D80同期推出的尼康 AF-S Zoom-Nikkor 70-300mm f/4.5-5.6G VR IF-ED做填补。

▲ 镜头在最远的135mm端时，镜身会大幅伸长，不过以如此高倍数镜头来说仍是可以接受。

▲ 镜头只用上塑胶卡口，耐用性相对金属卡口低，也会较容易被刮花。

你要知！

谁是尼康最便宜高倍数变焦镜？

AF-S 18-200mm镜头的普及版，具有与35mm胶卷般的27-202.5mm焦距。虽然该镜口碑一般，但该镜二千多元的街价足以令用户心悦诚服。

解像度测试

以一只入门高倍数变焦镜来说,其表现可说不过不失,虽然分数不算是很突出,但是中央位置的解像力是很值得一赞的。在尼康 D80测试下,在各焦距的中央位置都平均约有1700LW/PH的分数,奈何最高分数也只是1700LW/PH左右,否则就更令人喜出望外。

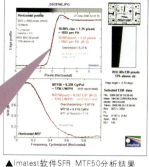

MTF50(corr) = 0.337 C/P (R=2)
= 1745 LW/PH [4.55 mpxls ideal]

▲Imatest软件SFR MTF50分析结果

		最大光圈	f/4	f/5.6	f/8	f/11	f/16
18mm	中央	1719LW/PH(f/3.5)	1728LW/PH	1733LW/PH	1699LW/PH	1715LW/PH	1697LW/PH
	边缘	1167LW/PH(f/3.5)	1417LW/PH	1540LW/PH	1551LW/PH	1522LW/PH	1622LW/PH
55mm	中央	1783LW/PH(f/5)	1784LW/PH	1784LW/PH	1730LW/PH	1676LW/PH	1700LW/PH
	边缘	1456LW/PH(f/5)		1460LW/PH	1583LW/PH	1656LW/PH	1610LW/PH
70mm	中央	1579LW/PH(f/5.6)			1745LW/PH	1659LW/PH	1597LW/PH
	边缘	1656LW/PH(f/5.6)			1726LW/PH	1593LW/PH	1489LW/PH
135mm	中央	1635LW/PH(f/5.6)			1721LW/PH	1632LW/PH	1574LW/PH
	边缘	1422LW/PH(f/5.6)			1517LW/PH	1489LW/PH	1403LW/PH

镜头失光测试

就失光表现,镜头在最大光圈情况下,最广端的角位失光,平均有1.75级的失光,以广角端来说,仍可以接受。至于135mm最远摄端就有约1.69级的失光,表现还可以。

▲Imatest软件分析镜头在18mm(左)及135m(右)于最大光圈时失光分布的情况。

变形控制

在相对焦距27mm至202.5mm的范围下,27mm端有明显的桶状变形的情况,拍摄时亦会明显察觉,至于最远摄的202.5mm端,也见若干程度的枕状变形。

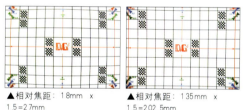

▲相对焦距:18mm x 1.5＝27mm

▲相对焦距:135mm x 1.5＝202.5mm

测试后记

论一只镜好与不好,值得不值得买,我会觉得每人考虑的因素及比重肯定都不同。由于之前出版另一本摄影丛书《尼康 D80 Hand Book》的关系,自己曾携同此镜及D80到泰国做详测,因为相处时间实在多,拍下相片也很多,对这只镜头更有深刻的体会。有理由相信,大家购买此镜,肯定是因为18-135mm焦距(实际为27mm-202.5mm镜头)实用,基本上已可以一镜打天下。亦因为这只镜头在焦距上有压倒性优势,对于担当旅游镜特别适合,自己此次在泰国取景时亦感受到它的强大,爱一镜走天涯的人肯定是上佳之选。

前面也说过每人的标准也不同,自己经常会输出大尺寸的相片印刷,对于镜头的解像力比较看重。至于18-135mm这只镜头来说,虽然焦距实用是它的优点,但是解像力未算突出也是事实。实际拍摄时,影像的中央位置是合格的,但就算收小光圈,始终觉得不够清晰的感觉,总觉得可以再好一点。加上以二千多元的售价,如果是金属卡口的话,应该会令人更感受到尼康的诚意。

by Gary

合适 拍摄题材

・风景　　・人像　　・抓拍

优点
・可充当旅游镜
・售价相宜
・对焦宁静 快速

缺点
・解像力一般
・欠缺对焦尺
・塑胶卡口令耐用度下降

AF-S DX Zoom-Nikkor
18-135mm f/3.5-5.6G IF-ED

镜头 设计:DX格式
镜片结构:13组15片
对角线视角:76°－12°
最大光圈值:f3.5-f/5.6
最小光圈值:f/22-f/38
光圈叶片数目:7片
最近摄影距离:0.45m
放大倍率:1:4.2
滤镜尺寸:67mm
体积:φ73.5 x 86.5mm
重量:385g

▲采用1片ED镜及2片非球面镜

热卖万用防震利器
AF-S DX Zoom-Nikkor 18-200mm f/3.5-5.6G VR IF-ED

市面上早已经有18-200mm这个焦段的镜头，由于覆盖焦距范围广，方便性奇高，就算只带一只镜头就可应付不同的场合，所以成为热卖之列实在不无道理。虽然AF-S DX VR Zoom-Nikkor 18-200mm f/3.5-5.6G IF-ED一点也不便宜，但是由于一只镜头已包涵多只镜头的焦距，对于预算不多的人，也是个非常吸引的原厂镜选择。这只18-200mm镜头在换算后为27-300mm，这样的焦距当然不会令人有太大的惊讶，反而是配备的第二代VR防手震系统，就令它的实用性更加突出。第二代VR防手震能够让用户可在比安全快门慢达至4级的情况下，也拍出清晰的影像。特别是使用到远摄端时，焦距换算后达300mm，防手震功能的存在，绝对可帮助用户拍出不手震、不模糊的相片，在实拍时保证大家可感受到。

手感方面，身为G型镜头，镜身上并不设光圈环，而变焦环在前，对焦环在后，套在D80、D200等身上，平衡感十分不错。实试过后，感觉此镜解像表现虽和预计一样，不及同厂的广角中段镜皇AF-S DX Zoom-Nikkor 17-55mm f/2.8G IF-ED，但就约18-70mm的焦距上，几可媲美AF-S DX Zoom-Nikkor 18-70mm f/3.5-4.5G IF-ED的质量。但到了70mm过后，解像力有明显下降的趋势，换个角度来看，如此高倍数的镜头，在远摄端解像上实在难有太大的期望，相信焦距上的便利性已可弥补这不足。不过较为可惜是镜身主要以塑胶制造，虽然带来轻巧的优点，但始终不能挤身于高级镜头的一群，令人有点失望，同时亦由于变焦倍率高，广角端的变形控制只是一般，而且有明显的桶状变形。

▲镜头在最远的200mm端时，镜身会大幅伸长，而容易令尘埃进入镜筒内。

▲镜头附有防水滴胶边，防水能力有一定保证。

VR II第一位成员？

尼康首只备有VR II光学防震系统的镜头，能够抵御四级的快门速度。该镜与D200同时推出市场，被视为D200的套装镜头（实际上两者并没有以套装形式推出）。

▲Photo by Gary，f／5.6，1／40s，ISO 500，Auto WB，相对焦距：22mm x1.5=33mm，尼康 D200

解像度测试

整体上镜头的表现不过不失，尤其在18-70mm这个焦距内，镜头的解像力也有上佳表现，只是由70mm焦距开始，在某些光圈已开始看到解像力明显下降，特别是到了200mm端，分数更是大幅下滑，令D80拍起来的影像好像有点朦胧不清。但还是那一句，如此高倍数变焦镜，实在难以要求太高。

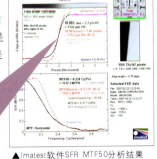

▲Imatest软件SFR MTF50分析结果

MTF50(corr) = 0.3 C/P (R=2)
= 1555 LW/PH   [3.61 mpxls ideal]

		最大光圈	f/4	f/5.6	f/8	f/11	f/16
18mm	中央	1656LW/PH(f/3.5)	1710LW/PH	1806LW/PH	1789LW/PH	1699LW/PH	1587LW/PH
	边缘	1093LW/PH(f/3.5)	1121LW/PH	1370LW/PH	1418LW/PH	1510LW/PH	1555LW/PH
55mm	中央	1475LW/PH(f/4.8)		1552LW/PH	1668LW/PH	1611LW/PH	1512LW/PH
	边缘	1489LW/PH(f/4.8)		1473LW/PH	1647LW/PH	1329LW/PH	1466LW/PH
135mm	中央	1536LW/PH(f/5.6)			1688LW/PH	1587LW/PH	1457LW/PH
	边缘	1455LW/PH(f/5.6)			1567LW/PH	1355LW/PH	1310LW/PH
200mm	中央	1443LW/PH(f/5.6)			1483LW/PH	1420LW/PH	1428LW/PH
	边缘	980LW/PH(f/5.6)			1075LW/PH	1158LW/PH	1264LW/PH

镜头失光测试

以高倍数变言镜而言，此镜的失光情况比预期中好上很多，在18mm焦距与200mm焦距下分别有平均1.95级及1.44级失光，表现比18-135mm的新镜还要好上一点，而且在普遍情况下拍摄，也不容易察觉失光的问题。

▲Imatest软件分析镜头在18mm（左）及200m（右）于最大光圈时失光分布的情况。

变形控制

在相对焦距27mm至300mm的拍摄范围下，27mm端有极明显的桶状变形的情况，拍摄时亦肯定会明显察觉，至于最远摄的300mm端，枕状变形控制良好。

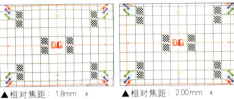

▲相对焦距：18mm x 1.5=27mm   ▲相对焦距：200mm x 1.5=300mm

测试后记

记得当初此镜连D200推出时，已经掀起一阵抢购热潮，甚至是推出多时之后的今天，不难见到某些大型相机连锁店，仍出现缺货的情况。不过就算有现货出售，也试过被炒卖至七千多元的天价，而购买此镜的人依然不少。究其原因，此镜的焦距实用，覆盖的拍摄题材其广，那固然是其中一个原因，但大家都知道，在以远摄焦距拍摄时（尤其是300mm相对焦距），因手震令相片松朦的机会极高，没有防手震装置的话，手持拍摄的命中率极低。就因为如此，个人就觉得，尼康这只18-200mm之所以如此人气高企，VR防手震实在是功劳不少。

曾几何时，自己曾拥有这只镜头，在入手前实在有考虑过原厂17-55mm皇牌镜，还是18-200mm这只VR镜，最后还是选了后者。原因很简单，就是焦距实用及有VR防手震功能，虽然画质不及17-55mm镜，但是实用性似乎还是比较重要一环，加上售价也相对便宜一点，很难想到不选它的道理。不过副厂镜也为其旗下的18-200mm镜头加入防手震功能，而且售价亦便宜很多，看来即将又有一番龙争虎斗。

by Gary

合适拍摄题材
·风景   ·人像   ·婚宴

优点
· 能充当旅游镜
· 防手震功能极实用
· 对焦宁静快速

缺点
· 解像力一般
· 售价高昂
· 容易入尘

AF-S DX Zoom-Nikkor
18-200mm f/3.5-5.6G VR IF-ED

镜头设计：	DX格式
镜片结构：	12组16片
对角线视角：	76° -8°
最大光圈值：	f3.5-f/5.6
最小光圈值：	f/22-f/36
光圈叶片数目：	7片
最近摄影距离：	0.5m
放大倍率：	1：4.5
滤镜尺寸：	72mm
体积：	φ 77 x 96.5mm
重量：	560g

▲采用2片ED镜及2片非球面镜

Check Point

◆1:2放大倍率
◆f/2.8-f/4大光圈拍摄
◆545g重量

1:2近摄变焦镜
AF Zoom-Nikkor 24-85mm f/2.8-4D

在选择镜头时总有这种想法，镜头在广角端最少要有28mm，当然有24mm就最好不过了！在上世纪末正当各大厂商专注于推出28-200mm镜头的时候，尼康却极前卫地推出以24mm做起首的AF Zoom-Nikkor 24-120mm f/3.5-5.6D。虽然AF 24-120mm在焦距均拥有压倒性的方便，然而有不少用家却对于其较小的最大光圈值而感到沮丧。而在2000年推出、这里的主角AF Zoom-Nikkor 24-85mm f/2.8-4D正好回应了这群用户的诉求。AF 24-85mm的出现除了在光圈及焦距上取得一个平衡外，它似乎也打破了尼康中段镜头的一个常规，就是最大光圈值总爱设计成为f/3.5-4.5。大家别小看这大半级光圈的"恩惠"，在暗黑环境下，大半级光圈对于拍摄效果以致对焦能力也有一定程度的帮助。特别是这只镜头刚推出时还在胶卷时代，拍摄期间不可以随便改变感光度，大光圈镜头更显得其价值所在。

▲在变焦时，镜身会大幅伸长，而容易令尘埃进入镜筒内。

除了焦距实用，拥有相对较大的光圈值外，AF 24-85mm还拥有1:2的强劲近摄能力，这是在尼康普通变焦镜头中首只拥有如此强劲近摄能力的（微距镜AF Micro-Zoom 70-180mm f/4.5-5.6D除外）。而AF 24-85mm却不是这个强劲近摄能力的纪录保持者，其后推出的AF Zoom-Nikkor 28-105mm f/3.5-4.5D也拥有如斯的实力。虽然镜头优点众多，然而镜头解像力仅属一般，加上若配在尼康的数码单镜头反光机之上却变成尴尬的36-127.5mm焦距，令拍摄便捷性大减。还望尼康早日推出全画幅数码相机，让这只"方便镜"得以好好发挥。

▲此镜是首只拥有花瓣型遮光罩的中级镜头。

你要知！

最强的1:2放大倍率？

尼康首只拥有1:2强劲近摄能力的变焦镜头，亦是首只拥有花瓣型遮光罩的中级镜头，同时一改以往中级镜头最大光圈值为f/3.5-4.5的习惯，变成f/2.8-4。

▲Photo by Gary，f/8，1/250s，ISO 200，Auto WB，相对焦距：56mm x1.5=84mm，尼康 D80

解像度测试

就D80的测试结果来看，镜头解像力平均1500LW/PH至1600LW/PH左右，表现实属一般，而最好表现的为f/8光圈，广角端的解像力亦比远摄端好。不过就因为有f/2.8-f/4的大光圈，解像力方面可能要将就一下了。

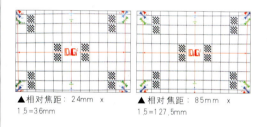

MTF50(corr) = 0.319 C/P (R=2)
= 1654 LW/PH   [4.09 mpxds ideal]

▲Imatest软件SFR MTF50分析结果

		最大光圈	f/4	f/5.6	f/8	f/11	f/16
24mm	中央	1707LW/PH(f/2.8)	1747LW/PH	1694LW/PH	1711LW/PH	1688LW/PH	1668LW/PH
	边缘	1353LW/PH(f/2.8)	1747LW/PH	1537LW/PH	1629LW/PH	1601LW/PH	1654LW/PH
85mm	中央	1611LW/PH(f/4)		1780LW/PH	1730LW/PH	1676LW/PH	1521LW/PH
	边缘	1327LW/PH(f/4)		1412LW/PH	1555LW/PH	1589LW/PH	1496LW/PH

镜头失光测试

在失光控制上，此镜的失光情况颇为明显，例如24mm及85mm端分别录得平均1.97级及1.13级的失光。如果对于黑角问题颇为介意的，最好尽量少用最大光圈拍摄，而把光圈稍收一下，问题会自然有所改善。

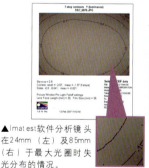

▲Imatest软件分析镜头在24mm（左）及85mm（右）于最大光圈时失光分布的情况。

变形控制

在相对焦距36mm至127.5mm的拍摄范围下，36mm端有轻微的桶状变形的问题，至于最远摄的127.5mm端，亦看到轻微的枕状变形情况。

▲ 相对焦距：24mm x 1.5 = 36mm

▲ 相对焦距：85mm x 1.5 = 127.5mm

合适拍摄题材

· 花卉   · 人像   · 抓拍

优点

· 大光圈实用
· 1:2放大倍率拍摄方便
· 手感扎实

缺点

· 解像力一般
· 失光明显
· 容易入尘

测试后记

如果本身是胶卷时代已投身尼康的用户，相信对AF Zoom-Nikkor 24-85mm f/2.8-4D这只镜头不会感到陌生，亦可能已是你收藏列之内（或者曾经是）。人总是贪心的，买镜头时总是想功能又多又便宜，最好广角及远摄兼备，而且有大光圈及微距拍摄功能，尼康又怎会不知道大家的诉求？就因为这样，24-85mm这只镜头便应运而生，随后便成为超热卖的镜头。事实我也知道这只镜头的光圈够大够实用，微距能力亦相当优秀，达到1:2超强的放大倍率。不过时代是不停在改变，接在数码单反上，已经完全丧失超广角拍摄能力，36mm的相对焦距，令此镜变得相当尴尬，有如从天堂跌落地狱一样。

当然，如果你不太在意焦距的实用程度的话，这只镜头是有相当的吸引力的，而且售价只是三千多元，如此的多功能，也总算是合理。建议大家也不妨留意一下二手市场，因为此镜约二千元就有交易，对想试一试的人来说感觉更值得。

by Gary

AF Zoom-Nikkor 24-85mm f/2.8-4D

镜片结构：11组5片
对角线视角：84° – 28° 30'
最大光圈值：f/2.8-f/4
最小光圈值：f/22
光圈叶片数目：9片
最近摄影距离：0.21m
放大倍率：1:2
滤镜尺寸：72mm
体积：φ78.5 x 82.5mm
重量：545g

▲ 采用2片非球面镜

VR高倍数的惊异
AF-S Zoom-Nikkor 24-120mm f/3.5-5.6G VR IF-ED

一般用户预算也不会太多，而且多是喜欢带着一机两镜便外出轻装拍摄，如果镜头有着广阔焦段又体积轻巧，避免因为场合而换镜的烦恼便更为吸引，而尼康 AF-S Zoom-Nikkor 24-120mm f/3.5-5.6G VR IF-ED便是一个不错的选择。这只早在2003年PMA推出的变焦镜头，犹如因为抗衡佳能 EF 28-135mm f/3.5-5.6 IS USM 而应运推出，虽然它体积上较佳能 EF 28-135重上35g，不过其相对焦距却是36-180mm，广角范围较为广阔，拍摄大合照都仍能以尚算广角的36mm焦段进行拍摄，实用程度较为优胜。而镜头结构上，内藏2片ED镜片及2片非球面镜片，可减低色散及变形问题，在高反差边缘位置紫边表现亦都相当不错，有着很好的色彩还原度。配合VR防手震技术，有效减低三级快门速度，即使用上长焦距配合慢快门，在光源不足的情况下拍摄仍能得到清晰的影像。

▲镜头的手感本身就非常扎实，再加上金属卡口令人更放心。

普通镜头在对焦时，都会连同镜筒一起转动，在远摄时更是间接增加了对焦时间。而尼康 AF-S Zoom-Nikkor 24-120mm f/3.5-5.6G VR IF-ED其镜筒设计便是采用（IF）内对焦设计，透过镜头内的其中一组镜片在位置上的改动而同样达到对焦的效果，由于对焦时镜筒不会转动，相对减低了镜筒的负担，使对焦速度得到提升，对焦灵敏快捷。内对焦镜筒设计并有利于使用花瓣型遮光罩，对于没有用的杂光起了一个重要的遮挡作用。除此之外，这只镜身手感上更是与佳能 EF 24-105mm f/4.0L IS USM相似，胶感轻微、做工扎实。能够以四千元以下便能拥有以上多项功能，对于预算不多又喜爱外出轻装拍摄的影友，真是一个相当吸引的选择。

▲有别于入门镜，镜头是日本制造。

你要知！

VR光学防震功能的首见？
于2003年推出的第二代尼康 24-120mm镜头，是尼康首只拥有VR光学防震功能的广角变焦镜头。虽然同时加入宁静波动马达，但体积仍能与一代保持相约，亦是同时使用72mm滤镜。

▲Photo by Gary, f/5.6, 1/60s, ISO 800, Auto WB. 相对焦距: 120mm ×1.5=180mm, 尼康 D80

解像度测试

在D80测试下，镜头的解像力表现平均，整体上广角端比远摄端表现出色一点，而表现最佳的光圈值为f/8~f/11，只是各焦段的最大光圈较逊色，不过稍收一级光圈后，解像力明显有所提升。

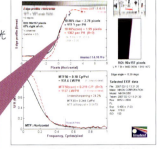

MTF50(corr) = 0.219 C/P (R=3)
= 1137 LW/PH   [1.93 mpxls ideal]

▲Imatest软件SFR MTF50分析结果

		最大光圈	f/4	f/5.6	f/8	f/11	f/16
24mm	中央	1424LW/PH(f/3.5)	1638LW/PH	1664LW/PH	1732LW/PH	1718LW/PH	1634LW/PH
	边缘	1385LW/PH(f/3.5)	1519LW/PH	1545LW/PH	1693LW/PH	1638LW/PH	1572LW/PH
50mm	中央	1601LW/PH(f/4.2)	1671LW/PH	1710LW/PH	1678LW/PH	1521LW/PH	
	边缘	1520LW/PH(f/4.2)	1569LW/PH	1597LW/PH	1579LW/PH	1496LW/PH	
120mm	中央	1578LW/PH(f/5.6)		1617LW/PH	1621LW/PH	1477LW/PH	
	边缘	1463LW/PH(f/5.6)		1509LW/PH	1468LW/PH	1137LW/PH	

镜头失光测试

在失光控制上，以一只如此高倍数的镜头来说，镜头的失光表现已是令人满意，比如镜头的24mm及120mm端，平均失光分别也只有1.39级及0.948级失光，表现还算不俗。

 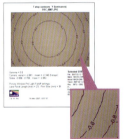

▲Imatest软件分析镜头在24mm（左）及120mm（右）于最大光圈时失光分布的情况。

变形控制

在相对焦距36mm至180mm的拍摄范围下，镜头的36mm端有明显的桶状变形，拍摄时也会察觉到，至于最远摄的180mm端，则只有极轻微的枕状变形情况。

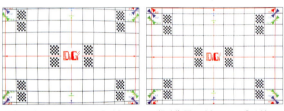

▲相对焦距：24mm x 1.5=36mm   ▲相对焦距：120mm x 1.5=180mm

测试后记

个人认为这只镜头可算得上十分超值，既有内对焦设计，减低镜头放在相机袋时，镜筒转动伸延的问题，重量亦不算上重，手持更有如 佳能 EF 24-105mm f/4L IS USM 的手感，做工扎实、携带方便，印象分立时大增。

配合2片ED镜片及2片非球面镜片，除了在广角端变形问题比较严重外，高反差边缘、紫边控制能力、色彩还原度都表现良好。但镜头的光圈，就略嫌细小了一点，不过它还备有防手震技术补足了光圈问题，即使在低光慢快门的情况下仍可拍出清晰的作品，不过如果用上四级安全快门的VR II，自然就更加好。另外，在近距拍摄方面最近虽然有不错的50mm拍摄距离，但放大倍率却只有1:4.8，比较可惜。但整体比起同厂的 AF-S DX Zoom-Nikkor 18-200mm f/3.5-5.6G VR IF ED，虽然欠缺了广角焦段，但售价上就便宜了二千元，同样有接近的大光圈、防手振技术及做工，如果不太重风景拍摄，也可不妨考虑。

by Olive

合适拍摄题材
· 抓拍　　· 婚宴　　· 花卉

优点
· 防手震作用明显
· 焦距实用度高
· 手感非常扎实

缺点
· 解像力一般
· 广角欠奉
· 广角端变形明显

AF-S Zoom-Nikkor 24-120mm f/3.5-5.6G VR IF-ED

镜片结构：13组15片
对角线视角：61° -13° 20'
最大光圈值：f/3.5-f/5.6
最小光圈值：f/22
光圈叶片数目：7片
最近摄影距离：0.5m
放大倍率：1:4.8
滤镜尺寸：72mm
体积：φ 77 x 94mm
重量：575g

▲采用2片ED镜及2片非球面镜

No.1 的中段镜皇

AF-S Zoom-Nikkor 28-70mm f/2.8D IF-ED

很多影友也会将AF-S Zoom-Nikkor 28-70mm f/2.8D IF-ED与AF-S DX Zoom-Nikkor 17-55mm f/2.8G IF-ED互相比较，因为大家都有恒定f/2.8，可称得上镜皇级。事实上，17-55mm f/2.8是一只尼康数码单头镜机的专用镜，其相对焦距是25.5-82.5mm，而28-70mm f/2.8当接在胶卷单反机使用时，亦有着相近的28-70mm焦距，互相比较也是正常。而且两只镜头镜筒设计亦同样采用（IF）内对焦设计，做工又采用金属制作，握持时已感到其镜身结实程度并带着一分冰冷感。当然两只镜头也有分别的，例如重量、ED镜片多寡、D镜设计及近距拍摄也有着较明显的差异。

AF-S Zoom-Nikkor 28-70mm f/2.8D IF-ED是一只胶卷与数码单镜机都能够使用的变焦镜，如果放在胶卷单反机使用焦段都相当实用，但也坦白说，当接在数码单镜机使用时，其相对焦距是42-105mm，就变成一只不折不扣的"中段"镜，根本谈不上实用。不过这只镜头优点多多，所以就算焦距不够实用，但也有不少捧场客。拥有的D镜系统，能够提供拍摄距离与相机测光表及闪灯系统的资料，令相机的曝光及补光系统都更为准确。而因为有了ED镜片，在高反差边缘位置的色散控制相当优良，在大多的情况底下，镜身都很少有色散情况出现。最强的一点，就是解像力相当强劲，在此书测试的多只广角中段变焦镜中，它的解像力是最高的，质量在中段镜之中所向披靡。不过其采用的金属镜身，虽然带来结实的手感，但同时935g的重量却带来不少负担，镜身亦略嫌大，以随身常用镜来说的确比较重，如果长时间手持如此重的镜身，真的有练成"麒麟臂"的可能。

▲镜头的对焦速度极高，配合全时手动对焦微调，拍摄可更得心应手。

▲由于属"重量级"镜头，很容易会出现头重尾轻的感觉。

77mm滤镜统一大业！

AF-S 28-70mm的出现终于把f/2.8变焦镜头的滤镜尺寸，统一成77mm。上一代的35-70mm，所使用的是62mm，与77mm的20-35mm及80-200mm略嫌有少许格格不入。如今影友只需带一片77mm特效滤镜，便可完全"通行"。

▲Photo by Gary，f/6.3，1/250s，ISO 200，Auto WB，相对焦距：70mm x1.5=105mm，尼康 D80

解像度测试

在D80测试下，镜头的解像力表现非常优异，发挥惊人的细致描绘能力。在f/8-f/16这个光圈范围内，中央及边缘位置平均分别有2100LW/PH及1900LW/PH的分数，在中段变焦镜中所向披靡。如果追求细致高解像画质的，绝不能错过28-70mm f/2.8这只镜头。

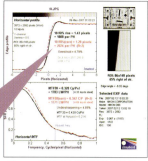

▲Imatest软件SFR MTF50分析结果

MTF50(corr) = 0.342 C/P (R=2)
= 1771 LW/PH [4.69 mpxls ideal]

		最大光圈	f/4	f/5.6	f/8	f/11	f/16
28mm	中央	1646LW/PH(f/2.8)	1855LW/PH	1927LW/PH	2137LW/PH	2155LW/PH	1962LW/PH
	边缘	1569LW/PH(f/2.8)	1687LW/PH	1779LW/PH	2063LW/PH	2034LW/PH	1870LW/PH
50mm	中央	1730LW/PH(f/2.8)	1860LW/PH	1901LW/PH	2210LW/PH	2197LW/PH	1982LW/PH
	边缘	1522LW/PH(f/2.8)	1771LW/PH	1805LW/PH	2071LW/PH	2062LW/PH	1834LW/PH
70mm	中央	1620LW/PH(f/2.8)	1759LW/PH	1864LW/PH	2050LW/PH	1940LW/PH	1938LW/PH
	边缘	1507LW/PH(f/2.8)	1714LW/PH	1869LW/PH	2024LW/PH	1967LW/PH	1872LW/PH

镜头失光测试

不愧为镜皇级人马，在失光控制上，28-70mm f/2.8的表现极为良好，例如28mm及70mm端也分别只有平均0.512级及0.775级的失光，其表现比很多定焦镜更佳。

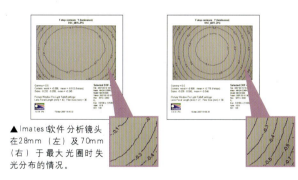

▲Imates软件分析镜头在28mm（左）及70mm（右）于最大光圈时失光分布的情况。

变形控制

在相对焦距36mm至105mm的拍摄焦距下，36mm端有轻微的桶状变形，至于到了105mm端，没有察觉到任何明显变形情况，又一次展现镜皇应有的表现。

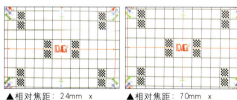

▲相对焦距：24mm x 1.5=36mm

▲相对焦距：70mm x 1.5=105mm

测试后记

虽然AF-S Zoom-Nikkor 28-70mm f/2.8D IF-ED拥有恒定f/2.8大光圈与高级的ED镜片，能够拍出影像锐利，反差偏高的高质量效果。但是，我相信现今很多尼康数码单反用户都会有一只AF-S DX Zoom-Nikkor 18-70mm f/3.5-4.5G IF-ED，不是专业用户的话，都好难会说服自己换上此镜。其中看到它的价格高达一万元，镜身又重达955g，真是没有良好的臂力及庞大资金只持，也难扬言入手此镜。而且用在数码单反上又欠缺常用的广角焦距，更可能因此要多添一只超广角镜，怎么说不划算也不方便。

但如果你是一名专业摄影师，又或是一个对画质有极高要求的业余用户，我敢保证28-70mm f/2.8的性能及实际画质，肯定令你满意。尼康推出全画幅数码单反，实在要趁此镜售价即将水涨船高之前，购入这只尼康 No.1镜皇吧！

by Olive

合适拍摄题材

· 婚宴 · 新闻 · 花卉

优点
· 大光圈影像表现出色
· 失光控制优良
· 解像力有顶级表现

缺点
· 身型略大且重
· 对预算不多的人难负担
· 在数码单反上欠广角

AF-S Zoom-Nikkor 28-70mm f/2.8D IF-ED

镜片结构：11组15片
对角线视角：74°-34°20'
最大光圈值：f/2.8
最小光圈值：f/22
光圈叶片数目：9片
最近摄影距离：0.5m
放大倍率：1:5.6
滤镜尺寸：77mm
体积：φ88.5 x 121.5mm
重量：935g

▲采用2片ED镜及1片非球面镜

热门远摄防震版本
AF-S DX Zoom-Nikkor 55-200mm f/4-5.6G VR IF-ED

又再一次证明尼康在产品改良方面，是不遗余力，这只镜头就上一代 AF-S DX Zoom-Nikkor 55-200mm f/4-5.6G ED作出大幅改良，令本身已评价极高的镜头，更加受注目。最明显不过的，肯定是加入VR光学防手震设计，虽然只是第一代防手震设计，但是已令上代镜光圈细小的最大缺点，完全修正，由于有了实用的防手震，大家以长焦距拍摄时就可更放心。大家别以为此镜只是在上代镜的基础上，加入了VR防手震而已，其实镜头在设计上，已经差不多是被改头换面。镜头体积大了，亦比以前重了110g，以长焦距兼有防手震功能来说，仍然称得上轻巧。

另外，大家不妨细心留意一下此镜与旧版本外观上的分别，如前面所说，新镜是长一点，但如果变焦至200mm焦距，当镜头伸长时，大家就会发现，原来已由以前3节式伸展，改为1节式而已，虽然新设计实际上伸长度不会短了，但是个人就觉得由于伸长节数减少，可减轻因伸长缩短造成的入尘问题。当自己拿起此镜时，手感很像另一只新镜70-300mm VR，感觉肯定比上没有VR版本扎实，而且手动对焦环亦比以前粗大了许多，使用手动变焦时感觉更佳。不过最令人可惜是镜头减去了1片ED镜片，而且最近可对焦距离亦由0.95m增长至1.1m，如果是拍人时，由于彼此的距离远了，也可能令沟通增加难度。幸好是镜头仍具备宁静波动马达，对焦动作依然快而宁静，上代镜在对焦时出现的"支支"声音，在VR版本下亦得到改善。

▲新版伸长时是1节式设计，相比旧版本3节式有所不同。

▲镜身上的VR红色标志，令人增加购买的冲动。

你要知！

史上最便宜的AF-S长焦距VR镜？

前身为AF-S DX Zoom-Nikkor 55-200mm f/4-5.6G IF-ED，是与尼康 D50同期推出的长焦镜头。55-200mm VR焦距承接着套装18-55mm镜头。为配合市场定位，该镜为尼康史上最便宜的一只AF-S长焦距VR镜头。

▲Photo by Gary，f∕5.6，1∕160s，ISO 1600，Auto WB，相对焦距：200mm x1.5=300mm，尼康 D80

解像度测试

在尼康 D80测试下，分数上虽然不能与顶级镜头相比，但是以一只仅数千元的镜头来说，已经是交出功课。除最大光圈外，中央位置的表现都是徘徊1700LW/PH的分数左右，只是边缘位置稍稍逊色，只是约1500LW/PH的分数。

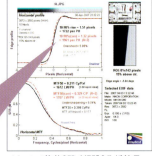

$$MTF50(corr) = 0.329 \text{ C/P} \text{ (R=2)}$$
$$= 1707 \text{ LW/PH} \quad [4.35 \text{ mpxls ideal}]$$

▲Imatest软件SFR MTF50分析结果

		最大光圈	f/5.6	f/8	f/11	f/16
55mm	中央	1707LW/PH(f/4)	1747LW/PH	1889LW/PH	1753LW/PH	1656LW/PH
	边缘	1353LW/PH(f/4)	1581LW/PH	1610LW/PH	1644LW/PH	1544LW/PH
135mm	中央	1611LW/PH(f/5)	1780LW/PH	1730LW/PH	1676LW/PH	1703LW/PH
	边缘	1327LW/PH(f/5)	1412LW/PH	1555LW/PH	1589LW/PH	1540LW/PH
200mm	中央	1524LW/PH(f/5.6)		1677LW/PH	1698LW/PH	1560LW/PH
	边缘	1317LW/PH(f/5.6)		1569LW/PH	1558LW/PH	1482LW/PH

镜头失光测试

就失光表现，VR新版无论是最广角的55mm及最远摄的200mm，失光情况并不严重，分别平均只有1.17及1.39级的失光，实在比预期中理想很多，拍摄时肯定不容易察觉。

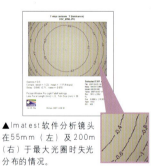 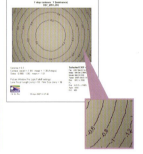

▲Imatest软件分析镜头在55mm（左）及200m（右）于最大光圈时失光分布的情况。

变形控制

在相对焦距82.5mm至300mm的范围下，在82.5mm焦距中出现轻微的桶状变形的情况，而300mm焦距下亦见枕状变形，幸好两者都是十分轻微，可以接受。

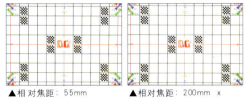

▲相对焦距：55mm x 1.5＝82.5mm

▲相对焦距：200mm x 1.5＝300mm

测试后记

一般来说，大家多会先购买一只广角至中段的变焦镜头，作为最基本拍摄之用，用了一段时间后，便会想多添购一只镜头，远摄镜肯定是其中之一。如果不想花费太多金钱的话，便宜的两、三千元镜头就是个很好的选择，55-200mm上代镜如此热卖也不无道理。就自己使用上代镜的感觉来说，其表现是远超预期，一身高解像、轻巧、快速对焦的表现，自己怎样不没有想像过，会在这只一千多元的镜头身上找到。不过这只镜头也不是没有弱点的，特别是光圈值实在小得过份，在稍微光源不足的环境下，要达到安全快门以防手震，似乎是不可能做到的事。

新版本加入了渴望已久的VR防手震，虽然不是最新的第二代系统，但是实际用起来时，已明显可看到大大改善上代镜影像因手震而松朦的问题。当初看到新版把整个镜片组合改变了，加上删减1片ED镜片，不免想到会否可延续上代镜的影像质量。幸好没有令人失望，解像力比以前更好上一点，只是在大光圈下色散问题依然明显，这应该与删减1片ED镜片不无关系。如上代镜一样，如果可以再改良一下镜头在对焦时轻微的"支支"声问题，给人的印象会更好。

by Gary

合适拍摄题材
· 旅行远摄 · 街头特写 · 人像

优点
· 防手震实用
· 远摄镜中属超短小巧之列
· 对焦爽快

缺点
· 胶感仍重
· 对焦时发出轻微的"支支"声
· 橡胶卡口耐用性低

AF·S DX Zoom-Nikkor 55-200mm f/4-5.6G VR IF-ED

镜头设计：DX格式
镜片结构：11组15片
对角线视角：28° 50'- 8°
最大光圈值：f4-f/5.6
最小光圈值：f/22-f/32
光圈叶片数量：9片
最近摄影距离：1.1m
放大倍率：1:4.4
滤镜尺寸：52mm
体积：φ73 x 99.5mm
重量：335g

▲采用1片ED镜

最瞩目远摄皇牌之作
AF-S Zoom-Nikkor 70-200mm f/2.8G VR IF-ED

拥有"小黑五"的称号也非浪得虚名,从外表看已经份量十足,重量达1公斤多,使用时更显专业摄影师(或个人)的身价。要解构AF-S 70-200mm f/2.8G VR IF-ED的高质内涵,它采用了宁静波动马达的内对焦系统,快而静对焦主体,还兼备有长焦距镜头不可或缺的VR系统,提供比安全快门慢三级的修正效果。此镜最短的拍摄距离为1.5m,实在义兼顾到用户在不同的摄影环境拍摄,而有"Normal"(镜片上下移动)及"Active"(镜片左右移动)两个防震选项,前者对于手持相机拍摄发挥极佳的防震效果,后者则为摆镜而设,横向移动的主体拍摄至为适合,如行驶中的车辆或足球、榄球等球类运动。不过正因为尼康将新改良的VR技术投放到这只"小黑五"身上,即使减少光圈环的G镜设计,仍令这只70-200mm VR的成本高企,成为贵价镜头之列,一万多的售价,的确并非人人可以负担得来。

而"小黑五"的光学镜片组合由15组共21片的镜片构成,其中5片为ED超低色散镜片,加上f/2.8恒定大光圈,在最远端拍摄仍可维持高解像,这正好显示了它成像色散控制及影像成像的威力。在数码单反上使用时,焦距转换后达105-300mm,配合0.16X的放大倍率,足以发挥其远摄镜的震撼效果,再将镜架座稳定于脚架上,远景拍摄便万无一失。其实大家只要拿起这只AF-S 70-200mm f/2.8G VR IF-ED"小黑五"便会感受到它强烈的金属质感,而且予人专业实在的感觉,当中的塑胶变焦环转动起来亦十分顺畅,没有碍手感觉。

▲镜身的设定开关特别多,方便应付不同场合拍摄需要。

▲由于镜头属有"份量"之作,接上D80后平衡感不是太好。

你要知!

划时代的脚架托设计!

首只备有光学VR防震功能的小黑系列,而脚架托亦采以划时代的设计,即使卸下携带在相机袋内亦不占太多空间。

▲Photo by Gary，f/7.1，1/125s，ISO 100，Auto WB，相对焦距：98mm x1.5=147mm，尼康 D200

解像度测试

尼康用户将"小黑五"当作成神明看待，究竟它的真正表现也是否有皇者风范呢？就D80的测试结果，镜头整体都有不俗的解像力，在f/5.6开始已有高质的解像力，以f/8至f/11为最佳。至于焦距方面，"小黑五"在135mm后，依然能保持上佳的解像表现，这方面比"小黑三"为佳。

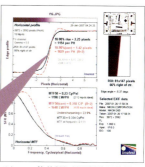

$$MTF50(corr) = 0.318 \text{ C/P} \quad (R=2)$$
$$= 1648 \text{ LW/PH} \quad [4.06 \text{ mpxls ideal}]$$

▲Imatest软件SFR MTF50分析结果

		最大光圈	f/4	f/5.6	f/8	f/11	f/16
70mm	中央	1680LW/PH(f/2.8)	1822LW/PH	1845LW/PH	2178LW/PH	1955LW/PH	1721LW/PH
	边缘	1596LW/PH(f/2.8)	1801LW/PH	1722LW/PH	1963LW/PH	1737LW/PH	1648LW/PH
135mm	中央	1556LW/PH(f/2.8)	1846LW/PH	1913LW/PH	2185LW/PH	1875LW/PH	1710LW/PH
	边缘	1548LW/PH(f/2.8)	1833LW/PH	1647LW/PH	1930LW/PH	1629LW/PH	1603LW/PH
200mm	中央	1496LW/PH(f/2.8)	1766LW/PH	1800LW/PH	1974LW/PH	1836LW/PH	1680LW/PH
	边缘	1458LW/PH(f/2.8)	1742LW/PH	1856LW/PH	1823LW/PH	1697LW/PH	1638LW/PH

镜头失光测试

在失光控制上，镜头有镜皇级的表现，就算是f/2.8大光圈，边缘的失光情况依然极轻微，例如70mm及200mm焦距，也分别只录得0.559及0.894级失光。

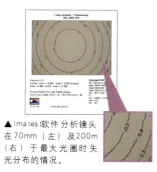

▲Imatest软件分析镜头在70mm（左）及200m（右）于最大光圈时失光分布的情况。

变形控制

在相对焦距105mm至300mm的范围下，在70mm端出现轻微的桶状变形，至于最远摄端就没有明显的变形的情况，变形控制令人满意。

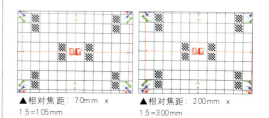

▲相对焦距：70mm x 1.5＝105mm

▲相对焦距：200mm x 1.5＝300mm

测试后记

用过"小黑五"后你就会感到它的份量非同小可，因为它真的很重很重！（我不知道男性用户会否有同感……）不过其内对焦设计及宁静波动马达又确实令拍摄过程十分顺利，虽然它身型庞大，但因宁静波动马达的关系，对焦时也没有过大的声响，不过长长大炮始终比较容易引起身旁途人的注意，"偷拍"时一定有所不便。而此镜的最大卖点还是VR系统，比安全快门慢三级的防震拍摄，即使手持拍摄高速移动的体育运动，也没有难度。

不过"小黑五"的价钱却实令人望而畏之，超过一万元的入场费，如果用户不是非要大光圈f/2.8不可的话，这只AF-S 70-200mm f/2.8G VR IF-ED未必会成为你的入手目标。不过贵还是有其原因，皆因这只70-200mm VR的解像力在广角端及远摄端表现全处于高解像度，靓镜头还是要付出代价（金钱）。

by Carrie

合适拍摄题材

· 人像 · 花卉 · 新闻

优点
· 解像力出色
· 失光极度轻松
· 手感及外观皆好

缺点
· 对预算不多的人难负担
· 镜头略重
· 太引人注目

AF-S Zoom-Nikkor 70-200mm f/2.8G VR IF-ED

镜片结构：15组21片
对角线视角：34° 10′ – 12° 20′
最大光圈值：f/2.8
最小光圈值：f/22
光圈叶片数目：9片
最近摄影距离：1.5m
放大倍率：1:6.1
滤镜尺寸：77mm
体积：φ87 x 215mm
重量：1470g

▲采用5片ED镜

Check Point

◆ 第二代VR防手震

◆ 没有光圈环的G镜设计

◆ 胶卷及数码单反兼容

更具竞争力的改良版
AF-S Zoom-Nikkor 70-300mm f/4.5-5.6G VR IF-ED

尼康其实也曾推出一只AF Zoom-Nikkor 70-300mm f/4-5.6 ED，至今仍然服役（现服役的还有AF Zoom-Nikkor 70-300mm f/4-5.6G）。与AF-S Zoom-Nikkor 70-300mm f/4.5-5.6G VR IF-ED明显不同的是光圈小了，也取消了D型镜头的光圈环设计，光圈大小全由机身操控，但顾此失彼，对于使用手动机身的旧有用户，这只镜头肯定不会是他们的收藏之列。不过，用心改良以加强竞争力是尼康的一贯作风，在削减功能的同时，此镜也加入了内对焦（IF）功能，好处是除了提高对焦速度外，亦能令镜筒在对焦时不会转动，因此在使用偏光镜不会因改变焦点，而导致需要再重新调校偏光镜的位置。实试时也有装上偏光镜拍摄，由于镜筒不会转动，拍摄感觉就是方便，少了使用一般远摄镜要再左右调校的烦琐。自己也使用过很多远摄镜头，经验是要做到快速对焦是不容易的，而且这只镜头有共17片镜片，难度就更高。可能是因为配备宁静波动马达（SWM）及经过精心设计的关系，以D80在日间拍摄时，搜寻对焦点的速度明快，很少会出现对焦犹豫的情况。

AF-S Zoom-Nikkor 70-300mm f/4.5-5.6G VR IF-ED是胶卷及数码单镜两用的镜头，配搭数码单反时，70-300mm的焦距乘上1.5X焦距增长，实际就是一只约100-400mm焦距的长炮，极适合远距离拍摄目标物。其实自己在公园测试这只镜头时，深深体会到这个优点，其貌不扬的黑色镜身，拍摄时全不引人注目，基本上可以不动声色的想拍就拍，抓拍简直一流。反而值得留意是因手震令影像松朦的问题，幸好此镜配备了加入了VR II防手震功能，可在比安全快门慢四级情况下，也拍到一定清晰程度的影像。虽有防手震机制"护驾"，但自己经验是远摄发生影像松朦机率比广角高很多，尽可能保持安全快门，始终是较保险的做法。

▲ 除了有防手震开关外，还提供Normal及Active模式，拍摄静态或动态物更得手应手。

▲ 镜头上有巨大的变焦环，调校时手感亦不俗。

你要知！

功能力迫"小黑五"？

该只镜头与尼康 D80同期推出，是AF-S及VR功能在长焦距镜头平民化的一个象征。在此镜推出之先，价钱最平、同时具备以上两项功能的，就只有"小黑五"（即AF-S Zoom-Nikkor 70-200mm f/2.8G VR IF-ED）。

▲Photo by Gary，f/6.3，1/800s，ISO 400，Auto WB，相对焦距：200mm x1.5=300mm，尼康 D80

解像度测试

整体焦距越长，解像力会越趋下降。中央解像力徘徊在1500LW/PH附近，边缘位置就有1300LW/PH左右，以有一千万像素的D80来说，这不算是很高的分数，幸好f/8表现出不俗的解像力，使用时不妨多徘徊这个光圈拍摄。

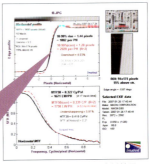

$$MTF50(corr) = 0.339\ C/P\ (R=2)$$
$$= 1758\ LW/PH\quad [4.62\ mpxls\ ideal]$$

▲Imatest软件SFR MTF50分析结果

		最大光圈	f/5.6	f/8	f/11	f/16
70mm	中央	1526LW/PH (f/4.5)	1572LW/PH	1758LW/PH	1569LW/PH	1527LW/PH
	边缘	1459LW/PH (f/4.5)	1503LW/PH	1640LW/PH	1498LW/PH	1458LW/PH
200mm	中央	1577LW/PH (f/5.3)	1585LW/PH	1638LW/PH	1556LW/PH	1460LW/PH
	边缘	1001LW/PH (f/5.3)	1164LW/PH	1570LW/PH	1344LW/PH	1248LW/PH
300mm	中央	1443LW/PH (f/5.6)		1594LW/PH	1516LW/PH	1514LW/PH
	边缘	874LW/PH (f/5.6)		1305LW/PH	1232LW/PH	1268LW/PH

镜头失光测试

一般情况来说，远摄镜的失光问题相对广角镜轻微，而这只70-300mm VR新版在失光测试上表现亦极其卓越，在70mm及300mm焦距下，平均分别只有0.315及0.172级失光，就控制失光上，镜头有接近满分的表现。

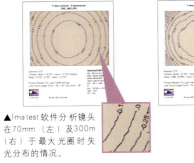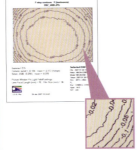

▲Imatest软件分析镜头在70mm（左）及300m（右）于最大光圈时失光分布的情况。

变形控制

在相对焦距105mm至450mm的范围下，无论是镜头的最广角端及最远摄端，也没有明显的枕状变形的情况，变形表现令人满意。

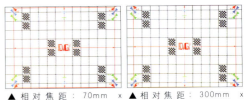

▲ 相 对 焦 距：70mm x 1.5=105mm　　▲ 相 对 焦 距：300mm x 1.5=450mm

测试后记

自己很喜欢以普通广角拍摄，原因是拍到不太变形的人之同时，又可兼顾少许的背景，不过这类相片的拍摄距离大多颇近，拍摄对象是认识自己的人还好，若然是想抓拍陌生人，实在还需要一点勇气，对于害羞的我，显然是个挑战。这只长炮无疑很适合我这类"怕丑仔"，在不打扰他人（或动物）的情况下拍个够，如果你自问也是个"怕丑仔"，不妨考虑下吧！值得一提是这只镜头极度轻微的失光情况，例如在70mm及300mm焦距下也分别平均只有约0.3级与0.2级的失光，就这个测试结果，相信大家对镜头失光表现已感到满意。

然而，在考虑购入这只镜头时，反而要留意价位的问题，个人觉得这只镜头街价四千多元（官方定价则是6,000多元）不算平易近人，而且只要多加一点金钱，就可买到一只有f/2.8恒定大光圈、超高解像及更保值的小黑三。到底要买哪只？不如两只也买下吧！（笑）

by Gary

合适拍摄题材

・人像　　　・昆虫　　　・抓拍

优点
・VR II防手震作用明显
・失光极度轻松
・镜头外表不惹人注目

缺点
・镜头颇大
・变焦时镜筒大幅伸长
・定价稍高

AF-S Zoom-Nikkor 70-300mm f/4.5-5.6G VR IF-ED

镜片结构：12组17片
对角线视角：34° 20' - 8° 10'
最大光圈值：f4.5-f/5.6
最小光圈值：f/32-f/40
光圈叶片数目：9片
最近摄影距离：1.5m
放大倍率：1:4.8
滤镜尺寸：67mm
体积：φ80 x 143.5mm
重量：745g

▲采用2片ED镜

大光圈远摄性价比皇
AF Zoom-Nikkor 80-200mm f/2.8D ED

尼康的这只AF Zoom-Nikkor 80-200mm f/2.8D ED，外间都唤作"小黑三"，这只镜头在胶卷时代，远距离焦段中可说是称王称霸。但随着科技的进步和防震技术的发展，尼康就发展出另一只远摄之王AF-S Zoom-Nikkor 70-200mm f/2.8G VR IF-ED，外间都唤作"小黑五"，令"小黑三"即退下最热门的选购行列。但在铺面陈列饰柜上，"小黑三"并没有因此淡出，原因是这只镜头的价钱比"小黑五"便宜一半，但同样有f/2.8恒定光圈。虽说缺少了宁静波动马达及VR防震系统，但用上脚架拍摄时的解像力和色彩饱和度，也可与"小黑五"有力一拼，只要计算好安全快门，要拍摄一张高解像的相片也难不倒"小黑三"。恒定f/2.8光圈的吸引力可真不少，利用浅影深去捕足景物，是最容易突出被摄物优点。如果要跟副厂的镜头一起比较，"小黑三"实在有极大的吸引力。

▲镜头附设手动光圈环，所以无论是数码机或是胶卷机都可兼容，是此镜的一大特色。

镜头拿上手时，镜身感觉非常扎实，给人一种专业的感觉，而"小黑三"比"小黑五"轻上130g，不要小看这短短的差距，长期使用时，肯定会感觉其重量上的分别。虽然镜头没有SWM宁静波动马达，但是对焦速度可有"小黑五"的七、八成功力，然而对焦时发出的"吱吱声"，实在是有点吵耳，对于要求完美的人，或者会觉得有点不是味儿。成像方面，在135-200mm的一段成像较为松散，色散问题亦明显，这一直是"小黑三"比较欠缺的地方。拥有手动光圈环的"D"镜设计，同时兼容了所有手动胶卷相机，不像"小黑五"只是G镜设计，功能明显更多，就以上如此种种特性，"小黑三"绝对是一只性价比极高的远摄镜头。

▲"小黑三"的份量十足，接在D80时显得镜头更庞大。

你要知！

塑胶制遮光罩？

尼康首只采用双转环及脚架托的小黑系列，同时从这一代开始由以往金属制的遮光罩，转为使用塑胶制的，好处是受到碰撞也不易变形。

MAIN STREET

TAXI

計程車

To TOWN SQUARE

ONE WAY ONLY

單程到小鎮廣場

▲Photo by Gary，f/4，1/800s，ISO 400，Auto WB，相对焦距：112mm x1.5=168mm，尼康 D200

解像度测试

很多人都会以此镜与"小黑五"相比，不过在解像力表现，两者实在有一段距离。整体表现平均，但表现谈不上很突出，至于最佳的光圈为 f/8，以 80mm 端为例，中央与边缘位置分别有 1834LW/PH 及 1679LW/PH 的分数，表现合格。

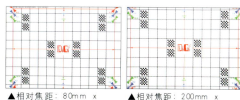

MTF50(corr) = 0.334 C/P (R=2)
= 1334 LW/PH   [4.49 mpxls ideal]

▲ Imatest 软件 SFR MTF50 分析结果

		最大光圈	f/4	f/5.6	f/8	f/11	f/16
80mm	中央	1603LW/PH(f/2.8)	1631LW/PH	1746LW/PH	1834LW/PH	1628LW/PH	1622LW/PH
	边缘	1509LW/PH(f/2.8)	1620LW/PH	1552LW/PH	1679LW/PH	1470LW/PH	1508LW/PH
135mm	中央	1513LW/PH(f/2.8)	1503LW/PH	1518LW/PH	1704LW/PH	1622LW/PH	1567LW/PH
	边缘	1470LW/PH(f/2.8)	1468LW/PH	1468LW/PH	1592LW/PH	1613LW/PH	1420LW/PH
200mm	中央	1296LW/PH(f/2.8)	1512LW/PH	1658LW/PH	1682LW/PH	1586LW/PH	1523LW/PH
	边缘	1056LW/PH(f/2.8)	1426LW/PH	1500LW/PH	1611LW/PH	1381LW/PH	1334LW/PH

镜头失光测试

就失光情况来看，"小黑三"在控制失光上有优异的表现，在 80mm 及 200mm 端分别只录得 0.545 级及 0.974 级的失光，失光情况非常轻微，一般拍摄亦不易察觉。

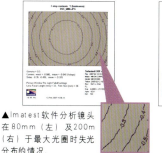

▲ Imatest 软件分析镜头在 80mm（左）及 200m（右）于最大光圈时失光分布的情况。

变形控制

在相对焦距 120mm 至 300mm 的范围下，在最广角端及最远摄端分别出现轻微的桶状及枕状变形情况，但肉眼不易察觉。

▲ 相对焦距：80mm x 1.5 = 120mm

▲ 相对焦距：200mm x 1.5 = 300mm

测试后记

顶级镜头固然是功能强劲，外表又够专业，虚荣感十足，相信是无人不知道的道理，不过其吓人的天价，亦不会无人不知，所以很多"极品"到最后也只会成为大众供奉之物。作为尼康用户，如果打算购买大光圈远摄镜的话，肯定有考虑过"小黑五"及"小黑三"这两只镜头，"小黑三"的售价只是"小黑五"的一半（五千多元），也具备恒定 f/2.8 大光圈及专业的外形，想一想也觉得吸引，也可能是因为性价比实在太高，就算"小黑五"推出后，"小黑三"的热卖程度没减。

不过也坦白说，"小黑三"也是有缺点的，就是没有远摄镜重要的 VR 防手震装备，在拍摄成功率上肯定要冒一定风险。到底选择要一镜到顶，还是高性价比，还是自行决定吧！

by Jungle

合适拍摄题材
· 人像   · 昆虫   · 新闻

优点
· 售价相宜
· f/2.8 大光圈实用
· 失光控制相当优良

缺点
· 镜头颇大沉重
· 欠防手震装备
· 色散控制一般

AF Zoom-Nikkor 80-200mm f/2.8D ED

镜片结构：11 组 16 片
对角线视角：30° 10' - 12° 20'
最大光圈值：f/2.8
最小光圈值：f/22
光圈叶片数目：9 片
最近摄影距离：1.8m
放大倍率：1:7.4
滤镜尺寸：77mm
体积：φ87 x 187mm
重量：1300g

▲ 采用 3 片 ED 镜

令手持超远摄变成可能
AF VR Zoom-Nikkor 80-400mm f/4.5-5.6D ED

要说谁家厂商率先将放手震系统安装在镜头身上，相信很多人都异口同声说："佳能！"。没错，第一家将Image Stabilizer (IS) 系统放在交换镜头确实是佳能，不过若连一般便摄相机也包括在内的话，那早IS镜面世一年的尼康 Zoom 700VR (1994年推出) 傻瓜胶卷机才是硬件式防震的一代宗师呢！虽然尼康最先拥有VR (Vibration Reduction) 技术，唯将它先引入在傻瓜机上，反而市场上对它的回响没有套用在单反用镜头那么大，霎时间"镜头防震"的头啖汤一下子就被佳能抢了过来。6年后，即2000年，尼康终于推出首只备有VR防手震技术的单反镜头—AF VR Zoom-Nikkor 80-400mm f/4.5-5.6D ED，不过正所谓"学无前后，达者为先"，VR 80-400mm一来就搭载了拥有3级安全快门补偿能力的VR组件，技术上比起佳能同级的EF 100-400mm f/4.5-5.6L IS USM还要先进。

跟佳能的做法不同，尼康的VR 80-400mm采用传统的旋转式变焦设计，少了前者因为采用推拉式设计而形成"抽尘"的问题。镜筒内部藏有11组17片镜片，第2、3及第10片为低色散ED镜片，至于VR修正镜组则属于第4组（第6及第7片）之内，而最近对焦距离为2.3米，较佳能的"大白"及适马 AF APO 80-400mm f/4.5-5.6 EX DG OS的1.8米都较为逊色。对焦系统方面，由于没有内置宁静波动马达，此镜在对焦时有明显声浪，反应也较慢。

▲镜身具备 手动光圈环，无论是 数码机或是胶卷机都可兼容。

▲镜头附有脚架托，方便接上三脚架。

你要知！
金环 + 最大光圈？
尼康首只加入VR光学防震功能的镜头，拥有三级的抗震能力。值得一提，它是尼康众多镜头中唯一一只拥有可变的最大光圈值，而同时拥有金环的镜头。

▲Photo by Nelson, f／6.3, 1／400s, ISO 200, Auto WB, 相对焦距：342mm ×1.5=513mm, 尼康 D200

解像度测试

解像力方面，镜头在不同光圈及焦段上，也有不俗的表现，特别是当把光圈缩小至f/8后，镜头的解像力大幅提升，中央及边缘位置平均分别有1900LW/PH及1700LW/PH的分数，只是最大光圈拍摄时，影像质量较逊色。

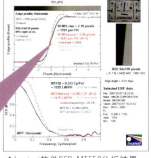

$$MTF50(corr) = 0.285 \ C/P \ (R=2)$$
$$= 1479 \ LW/PH \quad [3.27 \ mpxls \ ideal]$$

▲Imatest软件SFR MTF50分析结果

		最大光圈	f/5.6	f/8	f/11	f/16
80mm	中央	1604LW/PH （f/4.5）	1729LW/PH	2050LW/PH	1858LW/PH	1746LW/PH
	邊緣	1523LW/PH （f/4.5）	1606LW/PH	1783LW/PH	1761LW/PH	1598LW/PH
200mm	中央	1570LW/PH （f/5.3）	1796LW/PH	1926LW/PH	1880LW/PH	1690LW/PH
	邊緣	1526LW/PH （f/5.3）	1684LW/PH	1764LW/PH	1665LW/PH	1548LW/PH
400mm	中央	1563LW/PH （f/5.6）		1877LW/PH	1768LW/PH	1658LW/PH
	邊緣	1479LW/PH （f/5.6）		1760LW/PH	1637LW/PH	1571LW/PH

镜头失光测试

就失光情况来看，80-400mm在控制失光上有非常出色的表现，在80mm及400mm端分别只有0.235级及0.234级的失光，失光情况不易察觉。

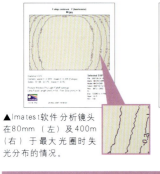

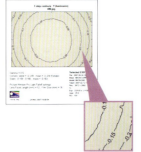

▲Imatest软件分析镜头在80mm（左）及400m（右）于最大光圈时失光分布的情况。

变形控制

在相对焦距120mm至600mm的范围下，仅在最远摄端出现轻微枕状变形情况，变形控制相当优异。

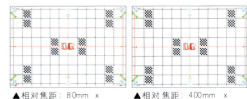

▲相对焦距：80mm x 1.5＝120mm

▲相对焦距：400mm x 1.5＝600mm

测试后记

金色的光环，仿佛为这只远摄变焦镜头加了一点虚荣感。一直以来，自己都觉得尼康的VR系统稍为优越，一来操作时的嘈音较少，二来画面也好像较稳定。唯对一只光圈值较小的望远镜头来说，VR 80-400mm没有内置静音波动马达可谓当中最大的败笔，当然笔者推测可能若当时将"AF-S"冠上VR 80-400mm身上，或许会换来由"D"（镜）变"G"（镜）的下场，反令一批使用旧式机身的用户未能用上超望远的拍摄性能。

不知是否是"80-400"的宿命，副厂适马另一只同焦距远摄镜都没有将HSM超声波马达及OS防手震系统加入在同一只镜内，而且80-400 OS的防手震修正能力更只有两级，相较起来，纵使原厂镜头贵上一大截，在"原厂镜"及"额外一级"防震能力的驱使下，又好像没有不买VR 80-400mm的道理呢！

by Stephen

合适拍摄题材

・雀鸟　　　・昆虫　　　・人像

优点
・防手震效果明显
・解像力不俗
・失光控制相当优良

缺点
・对焦速度一般
・对焦时声浪明显
・最近可对焦距离太长

AF VR Zoom-Nikkor 80-400mm f/4.5-5.6D ED

镜片结构：11组17片
对角线视角：30°10′－6°
最大光圈值：f/4.5-f/5.6
最小光圈值：f/32
光圈叶片数目：9片
最近摄影距离：2.3m
放大倍率：1:4.8
滤镜尺寸：77mm
体积：φ91 x 171mm
重量：1360g

▲采用3片ED镜

Check Point
◆ VR防手震技术
◆ 300–600mm焦距强大覆盖
◆ 配备静音超声波马达（SWM）

享受远摄变焦的弹性
AF-S Zoom-Nikkor 200-400mm f/4G VR IF-ED

很多摄影发烧友在决定买入远摄镜时，很大可能都会考虑一些定焦镜，例如300mm、400mm等焦距，尼康原厂的可选择AF-S Nikkor 300mm f/2.8G VR IF-ED，又或是AF-S Nikkor 400mm f/2.8G IF-ED II等，因为贪其有大光圈，可增加入光率令快门及对焦速度上升。不过定焦镜的最大缺点，就是焦距是固定的，如果想焦距拍起来更弹性、实用，就不妨考虑200–400mm这只变焦长炮皇牌。AF-S Zoom-Nikkor 200-400mm f/4G VR IF-ED是一只万用的长炮，因为在接上数码单反时，就具备了300–600mm焦距的强大拍摄覆盖范围，无论是拍摄雀鸟、昆虫、运动也能胜任。而镜头提供的VR防手震，在此镜身上更是举足轻重，因为有了VR防手震，可令如此远摄的镜头作若干程度的手持拍摄。

▲ 镜头有快速锁焦按钮，拍摄时就更方便。

镜头共有17组24片镜片，要推动众多沉重的镜片一点也不容易，镜头中的宁静波动马达（SWM）可谓发挥了重要作用。自己曾以这镜头，配合D200拍摄橄榄球比赛，D200本身不是拍摄运动题材用的数码单反，但拍摄时镜头对焦速度虽然不及AF-S Nikkor 400mm f/2.8G IF-ED II，但是也只不过慢上一点点而已。而且镜头中亦有超远摄镜才有的焦点预设功能，可大大增加对焦的速度，减少对焦行程。可能是因为只是两倍镜的关系，镜头解像力维持在一个很高的水平，而色散控制亦十分优良，曾在大背光环境下拍，只有很轻微类似紫边的色散现象，镜头内的4片ED镜片肯定功不可没。当中不可不提的，是镜头有极短的最近可对焦距离，只需要2m就可以进行对焦，相比绝大部分超远摄镜头，需要几米以上才可以对焦来说，实在大大增加拍摄实用性。

▲ 镜头采用后插式滤镜，尺寸为52mm。

你要知！

新版加入更多功能！
早在1983年时，尼康已针对体育摄影记者推出200–400mm f/4镜头。直至2004年，尼康重推200–400mm f/4镜头，不过此次却配有宁静波动马达及VR光学防震系统。

▲Photo by Gary，f/4，1/500s，ISO 1600，Auto WB，相对焦距：400mm x1.5=600mm，尼康 D200

解像度测试

在尼康 D80测试下，镜头的最高解像力徘徊f/8-f11，平均有约1800LW/PH的分数，而200mm焦距的f/11中央位置更高达1967LW/PH，到了f/16后解像力明显回落。令人惊喜的是f/4最大光圈也有不俗的表现，亦令人觉得付出数万元天价，去购买这只镜头也是值得的。

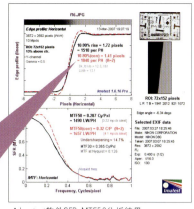

$$\text{MTF50(corr)} = 0.32 \text{ C/P } (R=2)$$
$$= 1657 \text{ LW/PH} \quad [4.1 \text{ mpxls ideal}]$$

▲Imatest软件SFR MTF50分析结果

		最大光圈	f/5.6	f/8	f/11	f/16
200mm	中央	1677LW/PH (f/4)	1764LW/PH	1859LW/PH	1967LW/PH	1707LW/PH
	边缘	1590LW/PH (f/4)	1666LW/PH	1750LW/PH	1873LW/PH	1571LW/PH
400mm	中央	1643LW/PH (f/4)	1772LW/PH	1801LW/PH	1911LW/PH	1622LW/PH
	边缘	1574LW/PH (f/4)	1689LW/PH	1722LW/PH	1838LW/PH	1538LW/PH

镜头失光测试

镜头在f/4情况拍摄下，失光情况毫不明显，在200mm及400mm焦距下分别平均有0.276级及0.713级的失光，拍摄时一般都不会察觉有失光的问题，而且只要把光圈收小一级，情况就可大幅改善。

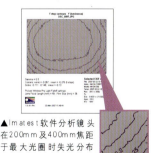

▲Imatest软件分析镜头在200mm及400mm焦距于最大光圈时失光分布的情况。

变形控制

在200mm焦距下，出现了轻微的桶状变形，至于400mm的最远摄端就看不见有任何明显的桶状或枕状变形问题，以一只超远摄变焦镜来说表现不俗。

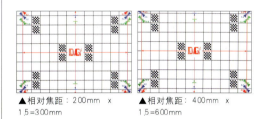

▲相对焦距：200mm x 1.5＝300mm

▲相对焦距：400mm x 1.5＝600mm

测试后记

无疑在拍摄焦距上，这只镜头提供了很大的弹性，不过亦因为如此，所以令镜身长度及重量大幅增加，相比原厂同样有VR防手震的80-400mm镜头，机动力低了很多，可能亦因为自己不够强壮，要驾驭此镜感到有点吃力，单脚架已经100%是不可或缺的随身之物。个人觉得镜头的另一个不足，就是只有f/4，稍嫌光圈不够大，尤其是在面对需要以高速快门拍摄的题材时（例如足球、网球运动），就更加显得力不从心。

相比f/2.8镜头，不要以因为f/4就会便宜上很多，镜头的街价也要四万多元，比起AF-S Nikkor 300mm f/2.8G VR IF-ED贵上接近一万元，与AF-S Nikkor 400mm f/2.8G IF-ED II售价更是不遑多让。亦因为如此，不禁令人犹豫究竟应购买定焦远摄镜，还是这只变焦远程炮。

by Gary

合适拍摄题材
· 运动   · 雀鸟   · 昆虫

优点
· 防震技术效果明显
· 解像力有上佳表现
· 对焦爽快宁静

缺点
· 体型庞大沉重
· 光圈稍重
· 对预算不多的人难以负担

AF-S Zoom-Nikkor 200-400mm f/4G VR IF-ED

镜片结构：17组24片
对角线视角：12° 20' – 6° 10'
最大光圈值：f/4
最小光圈值：f/32
光圈叶片数目：9片
最近摄影距离：2m
放大倍率：1:3.7
滤镜尺寸：62mm
体积：φ124 x 365mm
重量：3275g

▲采用2片ED镜及2片非球面镜

最强软件列阵!
尼康 Capture NX

作为尼康人（尼康用户），最好用而且功能至强的是什么软件? Picture Project? 不是不是。是尼康 Capture 4吗? 接近了，当然就是最新推出的尼康 Capture NX! 相比Picture Project，尼康 Capture NX明显有更强的影像处理能力，而且比过往皇牌尼康 Capture 4新增了多个功能，在了解它的新功能之同时，不如也认识一下它全新的介面吧!

30天试用版下载: http://www.nikondigital.com

尼康 Capture NX最新6大功能:

- U Point ™ 技术
- 选择工具 (Selective Tools)
- 图像浏览器 (Browser)
- 编辑功能表 (Edit List)
- 镜头调整
- 色彩管理 (Color Managment)

感觉清新的尼康 Capture NX界面

1

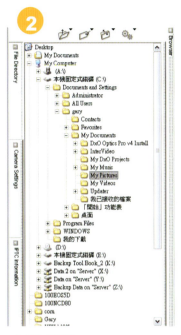

工具栏
(Tools)
▲ 工具栏包括新增的黑白及中间控制点 (Black, White, Neutral Point)、红眼消除控制点 (Red Eye Reduction)、套索与矩形工具 (Lasso and Marquee) 等多个经常用的专业功能。

2

3

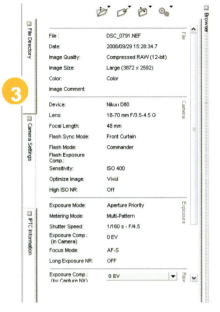

4

相机设定
(Camera Setting)
▲ 相信大家一定会用上不同的软件浏览相片，但就算你常用的软件是什么，显示的相机设定资料一定不够尼康 Capture NX仔细，在尼康 Capture NX下，基本上所有当时的相机设定都会一一显示出来。

编辑功能表
(Edit List)
▲ 如果你有用开Photoshop的话，理论上它就是类似大家熟悉的"History"功能，不过比"History"更强的，就是每一项记录都可以随时被任意删除、修改或复制。

文件总览
(File Directory)
▲ 只要开启文件总览，就可以很方便地选择任何一个你想要处理的文件，比起要跳出至视窗才选择文件，这无疑是增加了处理影像的速度及流畅性。

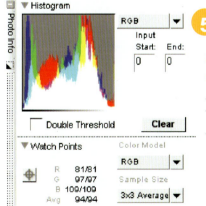

相片资料
(Photo Info)
◀ 这里指相片资料，主要是显示"Histogram"及"RGB值"等两方面。"Histogram"主要显示光暗或色彩明亮分布，例如有否太暗或过曝；至于"RGB值"就特别用作显示色彩显示是否准确，有没有偏色等问题。

5

TIPS!!

Picture Project不就够用吗？
确实随D80附送的Picture Project软件，已可以做到基本的NEF转换JPEG动作，而且还有一定的修片功能，但是如果想功能再多一点，对修片更有要求的，就不妨考虑专业的尼康 Capture NX。尤其是新增的U Point™技术，可利用多个先进的控制点，弹性地为影像进行各种整理，想知道更多功能吗？看后面的介绍吧！

常用功能重点介绍！

先进专业的U PointTM技术

说到尼康 Captur NX最令人雀跃的地方，就是加入了U Point™技术，究竟是什么来的? U Point™技术是一个革命性的新技术，利用不同的控制点，容许用户分离影像中的选定区域，针对性地进行处理，而且效果可随时取消或增加，并不会影响图像的原始品质。就自己的使用感觉，由于所有即将处理的效果会先"视觉化"（可预视），会觉得无论对于专业或入门用户，都是很方便的功能。至于可使用的控制点包括：色彩控制点、黑色／白色／中间控制点、红眼消除控制点等。

▲U Point™ 技术包括：色彩控制点、黑色／白色／中间控制点、红眼消除控制点等。

▲在U Point™ 技术下，可为影像作出大幅度的修改，而且不会影响影像的原始品质。

▲启动U Point™ 技术后，就可为相片选出不同需要处理的区域，而且所有即将处理的效果会先"视觉化"。

方便快速的影像浏览器（Browser）

这是过往尼康 Capture 4没有的功能，影像浏览器除了能快速浏览NEF及JPEG文件，更能够同时间一次性调整多个影像，例如同时旋转或套用批次处理（batch process）等，大大加快处理影像的速度，减少处理大量相片所需的时间。

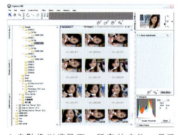

▲ 可一次性旋转或套用批次处理（转换档），大大减少处理影像的时间。

▲ 在影像浏览器下，所有的文件一目了然，而且"load"相速度非常之快！

无限复活的编辑功能表（Edit List）

编辑功能表近似Photoshop的"History"功能，会对每一个调整动作自动进行记录。在处理过程中，可以在任何时间打开或关闭一步或多步操作，这样就可以预视和比较影像的最终效果。而对于NEF文件，甚至可在文件被保存后，日后重新再打开亦可以继续处理这些操作步骤，坦白说，这真是个非常强劲且实用的功能。

▶ 编辑功能表就有如Photoshop的"History"功能，会对每一个调整动作自动进行记录。

"局部性"增加饱和度！

尽管D80是多么的强大，有时拍回来的相片，也可能未
必完全尽如人意。就例如色彩太淡时，我们一般都会稍为增
加一下饱和度，若然是人像相片的话，可能会同时令人像肤
色也一并变浓，不太好看。有方法可局部增加饱和度吗？有
有有，就在大家眼前（见示范）。

▲先在"Adjust"下的"Color"，
便会找到"Color Booster"。

▲开启"Color Booster"后，可自
由为相片增加色彩，如勾选
"Protect Skin Tones"，就可令影
像增加色彩的同时，又可免人物
肤色太浓烈。

▲没有勾选"Protect Skin Tones"的
话，在增加色彩后，人物肤色便会变
得太浓。

▲相反勾选了"Protect Skin Tones"后，人物肤色自然得
多，短短的一个步骤，就可以有不错的效果。

包包"人面"修正

有很多事不容我们控制，如果被拍者
（老婆、女朋友、女性友人）的脸太
"包"，尽管我们有高超摄影技巧，也未必
能完全解救，变形控制（Distortion Control）
功能或可帮到你。一般来说，这功能多数
是用在解决风景照的变形问题，不过只要
动一动脑筋，就会发觉其实也是可用作解
决"包包脸"，看看能否帮到你吧！

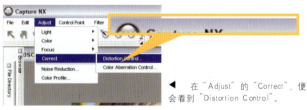

◀ 在"Adjust"的"Correct"，便
会看到"Distortion Control"。

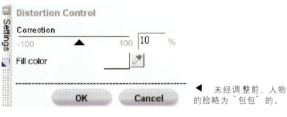

◀ 未经调整前，人物
的脸略为"包包"的。

▲未经调整前，人物的脸略为"包包"的。

▶ 调整后，"包包"脸减少了，最开心的当然是女士们！

必用之噪音消除功能！

噪音消除功能（Noise Reduction）一般简称"NR"，拍摄时用太强力的"高ISO噪音消除功能"，可能会连影像细节也一并去掉，变得朦朦的。更好的方法是事后用软件把所有的噪音去掉，可保留的细节会较多，无凭无据始终欠说服力，不如就为大家示范一下两者的分别。

▲ 在"Adjust"下，首先找到"Noise Reduction"。

▲ 在"Noise Reduction"界面下，可因应相片的情况而调校数值，一般不需要在"Intensity"加太多，否则会令细节更少，松松朦朦的。

▲Photo by Gary Pang\f/4.2\1/100s\ISO 3200\Auto WB\相对焦距：32mm x 1.5=48mm\AF-S DX Zoom-Nikkor 17-55mm f/2.8G IF-ED

关闭高ISO噪音消除功能！

▲在关闭"高ISO噪音消除功能"下，噪音明显。

高高ISO噪音消除功能！

▲在开启高的"高ISO噪音消除功能"后，噪音明显减少，但因为太"重手"影像细节同时被大量去掉，而且朦朦胧胧的，感觉像油画。

以Capture NX把噪音消除

▲如以Capture NX把噪音消除，噪音一来不明显，二来细节可被保留，锐度足而不像油画。

大玩"Magic Hour"效果！

不知道大家喜欢拍摄黄昏的景色吗？如果你的风景拍摄爱好者，相信也喜欢在"Magic Hour"拍，因为虚幻多变的色彩，实在非常迷人。自己觉得比较可惜的，就是香港出现如此梦幻的机会比较少（蓝天白云机会很少），可拍摄的机会也自然较少。有没有什么方法令一张普通的风景相片，也变得梦幻呢？Capture NX内的"Photo Effects"，可令你能随心塑造想要的效果。

▲ 在工具栏按下"Filter"，就会见到"Photo Effects"功能。

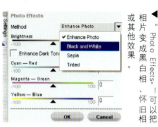

"Photo Effects"！可以把相片变成黑白相、怀旧相或其他效果。

只要随心为不同色彩作出调校，应该可找到你合心水的"Magic Hour"！看看下面的效果吧！

▲减少"蓝"效果。

▲增加"青"效果。

▲减少"青"效果。

▲未修改之效果。

▲增加"红"及"蓝"效果。

▲增加"黄"效果。

▲增加"品红"效果。

Nikon **30** Lens

Prime

No.	镜头名称	镜片结构	对角线视角	光圈叶片数目	最大光圈值
01	AF DX Fisheye-Nikkor 10.5mm f/2.8G ED	7组10片	180°	7片	f/2.8
02	AF Nikkor 14mm f/2.8D ED	12组14片	114	7片	f/2.8
03	AF Nikkor 24mm f/2.8D	9组9片	84°	7片	f/2.8
04	AF Nikkor 35mm f/2D	5组6片	62°	7片	f/2
05	AF Nikkor 50mm f/1.4D	6组7片	46°	9片	f/1.4
06	AF Nikkor 50mm f/1.8D	5组6片	46°	9片	f/1.8
07	AF Nikkor 85mm f/1.4D IF	8组9片	28° 30'	9片	f/1.4
08	AF Nikkor 85mm f/1.8D	6组6片	28° 30'	9片	f/1.8
09	PC Micro-Nikkor 85mm f/2.8D	5组6片	28° 30'	9片	f/2.8
10	AF Nikkor 105mm f/2D DC	6组6片	23° 30'	9片	f/2
11	AF-S Micro-Nikkor 105mm f/2.8G VR IF-ED	12组14片	23° 20'	7片	f/2
12	AF-S VR Nikkor 200mm f/2G IF-ED	9组13片	12° 20'	9片	f/2
13	AF-S Nikkor 400mm f/2.8D IF-ED II	9组11片	6° 10'	9片	f/2.8

Zoom

No.	镜头名称	镜片结构	对角线视角	光圈叶片数目	最大光圈值
14	AF-S DX Zoom-Nikkor 12-24mm f/4G IF-ED	7组11片	99° – 61°	7片	f/4
15	AF-S Zoom-Nikkor 17-35mm f/2.8D IF-ED	10组13片	79° – 44°	9片	f/2.8
16	AF-S DX Zoom-Nikkor 17-55mm f/2.8G IF-ED	10组14片	79° – 28° 50'	9片	f/2.8
17	AF Zoom-Nikkor 18-35mm f/3.5-4.5D IF-ED	8组11片	100° – 62°	7片	f/3.5-f/4
18	AF-S DX Zoom-Nikkor 18-55mm f/3.5-5.6G ED II	5组7片	76° – 28° 50'	7片	f/3.5-f/5
19	AF-S DX Zoom-Nikkor 18-70mm f/3.5-4.5G IF-ED	15组13片	76° – 22° 50'	7片	f/3.5-f/5
20	AF-S DX Zoom-Nikkor 18-135mm f/3.5-5.6G IF-ED	13组15片	76° – 12°	7片	f/3.5-f/5
21	AF-S DX Zoom-Nikkor 18-200mm f/3.5-5.6G VR IF-ED	12组16片	76° – 8°	7片	f/3.5-f/4
22	AF Zoom-Nikkor 24-85mm f/2.8-4D	11组15片	84° – 28° 30'	9片	f/2.8-f/4
23	AF Zoom-Nikkor 24-120mm f/3.5-5.6G VR IF-ED	13组15片	84° – 20° 30'	7片	f/3.5-f/5
24	AF-S Zoom-Nikkor 28-70mm f/2.8D IF-ED	11组15片	74° – 34° 20'	9片	f/2.8
25	AF-S DX Zoom-Nikkor 55-200mm f/4-5.6G VR IF-ED	11组15片	28° 50'– 8°	9片	f/4-f/5.6
26	AF-S Zoom-Nikkor 70-200mm f/2.8G VR IF-ED	21组15片	34° 20'– 12° 20'	9片	f/2.8
27	AF-S Zoom-Nikkor 70-300mm f/4.5-5.6G VR IF-ED	12组17片	34° 20'– 8° 10'	9片	f4.5-f/5.6
28	AF Zoom-Nikkor 80-200mm f/2.8D ED(N)	11组16片	30° 10'– 12° 20'	9片	f/2.8
29	AF VR Zoom-Nikkor 80-400mm f/4.5-5.6D ED	11组17片	30° 10'– 6° 10'	9片	f/4.5-f/5
30	AF-S Zoom-Nikkor 200-400mm f/4G VR IF-ED	17组24片	6° 10'– 12° 20'	9片	f/4

最小光圈值	最近摄影距离	放大倍率	滤镜尺寸	体积	重量
f/22	0.14m	1:5	后插式滤镜	φ63 x 62.5mm	305g
f/22	0.2m	1:6.7	后插式滤镜	φ87 x 86.5mm	670g
f/22	0.3m	1:8.9	52mm	φ64.5 x 46mm	270g
f/22	0.25m	1:4.2	52mm	φ64.5 x 43.5mm	205g
f/16	0.45m	1:6.8	52mm	φ42.5 × 64.5mm	230g
f/22	0.45m	1:6.6	52mm	φ39 × 63.5mm	155g
f/16	0.85m	1:8.8	77mm	φ80 x 72.5mm	550g
f/16	0.85m	1:9.2	62mm	φ71.5 × 58.5mm	380g
f/45	0.39m	1:2	77mm	φ83.5 x 109.5mm	775
f/16	0.9m	1:7.7	72mm	φ79 × 111mm	640g
f/32	0.31m	1:1	62mm	φ83 × 116mm	790g
f/22	1.9m	1:8.1	后插式滤镜	φ124 x 203mm	2900g
f/22	3.4m	1:7.7	后插式滤镜	φ159.5 x 351.5mm	4400g

最小光圈值	最近摄影距离	放大倍率	滤镜尺寸	体积	重量
f/22	0.3m	1:8.3	77mm	φ82.5 × 90mm	465g
f/22	0.28m	1:4.6	77mm	φ82.5 × 106mm	745g
f/22	0.36m	1:5	77mm	φ85.5 × 110.5mm	755g
f/22	0.33m	1:6.7	77mm	φ82.5 x 82.5mm	370g
f/22-f/38	0.28m	1:3.2	52mm	φ74 × 70.5mm	205g
f/32	0.38m	1:6.2	67mm	φ73 × 75.5mm	390g
f/22-f/38	0.45m	1:4.2	67mm	φ73.5 x 86.5mm	385g
f/22-f/36	0.5m	1:4.5	72mm	φ77 × 96.5mm	560g
f/22	0.21m	1:2	72mm	φ78.5 × 82.5mm	545g
f/22-f/36	0.72m	1:4.8	72mm	φ77 × 94mm	575g
f/22	0.5m	1:5.6	77mm	φ88.5 x 121.5mm	935g
f/22-f/32	1.1m	1:4.4	52mm	φ73 x 99.5mm	335g
f/32	1.5m	1:6	77mm	φ87 × 215mm	1470g
f/32-f/40	1.5m	1:4.8	67mm	φ80 x 143.5mm	745g
f/22	1.5m	1:7.1	77mm	φ88 × 207mm	1580g
f/32	2.3m	1:4.8	77mm	φ91 x 171mm	1360g
f/32	2m	1:3.7	52mm	φ124 × 358mm	3275g